职业教育物联网应用技术专业改革创新教材

走进物联网

主　编　徐卫卫
副主编　朱　阳
参　编　金　波　乌文波
主　审　王　刚

机械工业出版社

本书是物联网应用技术专业核心课程之一，根据中等职业学校的教学特点和培养目标进行编写。本书采用“核心课程+教学项目”式的编写体例，以4个学习单元（走近物联网、感知层——物联网的“皮肤”和“五官”、网络层——物联网的“神经中枢”、应用层——物联网的“大脑”）进行引领，下设若干子任务进行支撑说明，让学生在阅读多个实际物联网生活案例中边思考、边认知，并发现生活中的物联网系统。本书目标明确，目的是实现中职学生对物联网技术的认知和发现，其载体是九大物联网应用领域部分实际案例，以培养学生自学和探究的信心。

本书可作为各类职业学校物联网及相关专业的教材，也可作为物联网爱好者的参考用书。

本书配有电子课件，选用本书作为教材的教师可以从机械工业出版社教育服务网（www.cmpedu.com）免费注册下载或联系编辑（010-88379194）咨询。

图书在版编目（CIP）数据

走进物联网/徐卫卫主编．—北京：机械工业出版社，2017.7（2023.8重印）
职业教育物联网应用技术专业改革创新教材
ISBN 978-7-111-57229-9

Ⅰ．①走⋯ Ⅱ．①徐⋯ Ⅲ．①互联网络—应用—中等专业学校—教材
②智能技术—应用—中等专业学校—教材 Ⅳ．①TP393.4 ②TP18

中国版本图书馆CIP数据核字（2017）第146716号

机械工业出版社（北京市百万庄大街22号 邮政编码100037）
策划编辑：梁 伟　　责任编辑：李绍坤 杨 洋
责任校对：马立婷　　封面设计：鞠 杨
责任印制：常天培

北京机工印刷厂有限公司印刷

2023年8月第1版第9次印刷
184mm×260mm・11.5印张・278千字
标准书号：ISBN 978-7-111-57229-9
定价：38.00元

电话服务　　网络服务
客服电话：010-88361066　　机 工 官 网：www.cmpbook.com
010-88379833　　机 工 官 博：weibo.com/cmp1952
010-68326294　　金 书 网：www.golden-book.com

机工教育服务网：www.cmpedu.com

前言

本书以任务驱动的方式让学生真正实现在实践中学习，有益于学生构建自己的知识体系。本书以一个物联网应用实例为教学环境，各学习单元在此教学环境引领下展开，循序渐进地串联知识点，符合学生身心发展规律。

本书主要特色如下：

1. 借助生活化的案例，构建学生的认知体系

本书从九大物联网应用领域角度出发，在涵盖全面的基础上，寻求适合中职学生的物联网技术应用案例。通过剖析多个案例，逐渐让学生构建起自己心中的物联网概念，而不是直接给出定义。

2. 借助教学项目+任务的体系，助力“职业人”的就业、创业思维的形成

在四大“拟人化”的学习单元下，引发若干子任务，子任务的完成实现的是教学项目的达成。从职业人的角度出发，本书的设计与学生的职业发展线路相一致。从职业的角度去塑造学生就业、创业的思维。

3. “落地有声”式的操作，易于中职学生接受

本书各教学任务目标明确，步骤详尽，尽量多使用图片和图表等非文字资料，部分教学任务与学生的学习、生活实际联系紧密，甚至也是区分中职学生“专业性”的标志。学生有此需求，自然也就乐于学。

本书共4个学习单元，包括学习单元1 走近物联网、学习单元2感知层——物联网的“皮肤”和“五官”、学习单元3网络层——物联网的“神经中枢”和学习单元4应用层——物联网的“大脑”。

本书使用课时数建议不少于70学时，参考分配课时如下：

学习单元	项目	课时	备注
学习单元1　走近物联网	项目1　解读智慧（精细化）农业	4	可以考虑两节课程在教室上课，一节课程在实训室或机房上课
	项目2　物联网“热”概念，“冷”思考	6	
	项目3　物联网的体系结构——以智慧农业为例	4	
	项目4　物联网关键技术分析——以智慧农业为例	4	
	项目5　物联网的应用与发展	2	
学习单元2　感知层——物联网的“皮肤”和“五官”	项目1　射频技术（RFID）——物联网的“第二代身份证”	6	
	项目2　传感器：物联网的神经元	6	
	项目3　其他感知与识别技术	5	

（续）

学习单元	项　目	课　时	备　注
学习单元3　网络层——物联网的“神经中枢”	项目1　解读智慧校园	3	可以考虑两节课程在教室上课，一节课程在实训室或机房上课
	项目2　智慧校园之无线个域网	4	
	项目3　智慧校园之无线局域网	5	
	项目4　智能抄表之无线广域网	4	
	项目5　走进物联网接入技术	4	
学习单元4　应用层——物联网的“大脑”	项目1　车联网之数据融合技术	5	
	项目2　智慧环保之云计算	5	
	项目3　初识物联网信息安全	5	

本书由宁波经贸学校徐卫卫担任主编，朱阳任副主编，参加编写的还有金波和乌文波，王刚主审。学习单元1由徐卫卫编写，学习单元2由朱阳编写，学习单元3由乌文波编写，学习单元4由金波编写。感谢王刚校长对本书编写的大力支持与技术指导，感谢老师们的辛苦付出。同时也感谢校企合作单位宁波蓝源物联科技有限公司、北京新大陆时代教育科技有限公司在部分资料和素材上的提供。

由于编者水平有限，书中疏漏与不妥之处，恳请专家、读者批评指正。联系方式hong se ling yang @163.com。

编　者

CONTENTS目录

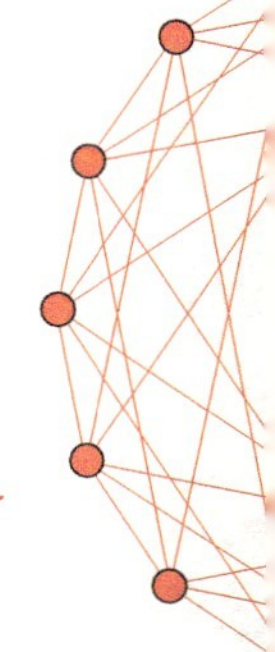

目录 CONTENTS

CONTENTS目录

学习单元4 应用层——物联网的“大脑”

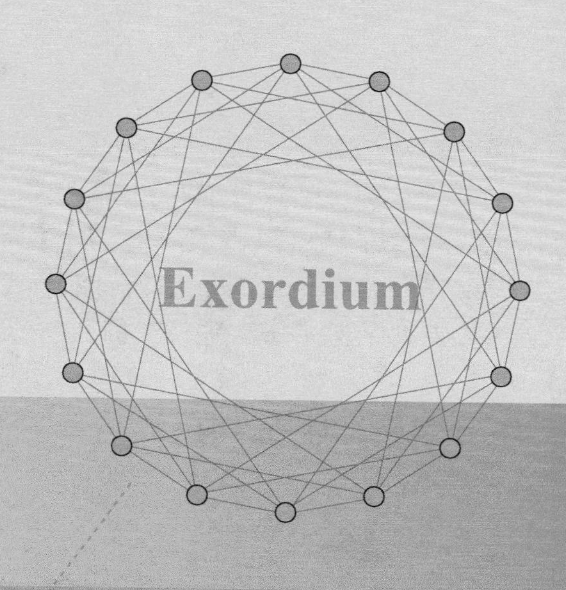

绪论

情境体验（总情景）

猪舍环境智能养殖系统是基于物联网技术，通过在线监测猪生长的环境信息，调控猪舍的生长环境，以实现猪的健康生长与繁殖，从而提高母猪的生产率。同时，提供优质的猪肉、猪毛等产品，进而提高经济效益。

智能养殖系统可实现对养猪场分娩室和保育室的环境远程监测、环境调节、设备远程控制等，通过智能养殖平台的建设实现以下目的。

为了确保分娩室和保育室的管理水平，保证母猪的生育环境和仔猪的成长环境，需要分别对分娩室和保育室安装CO_2、NH_3、H_2S、温度、湿度传感器，进行环境的在线监测。（图0-1～图0-3）

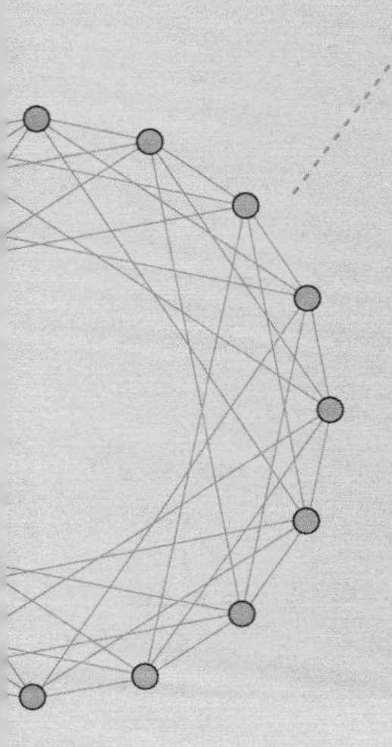

客户应能根据经验需求在智能养殖平台上设置阈值，当采集到的环境数据超过阈值的时候，系统可以进行报警。报警的方式根据需求可以设定为平台报警、手机短信报警等。

为了进一步提高环境调节的智能化，需要对现有控制设备如红外、风机等进行集中控制，并且可以在智能养殖平台上实现远程控制。

为了进一步提高环境调节的及时性，减少因人为疏忽而造成的管理不到位，当环境异常报警的时候，智能养殖平台可以对控制设备进行联动控制，根据设定参数值，对红外灯、风扇、湿帘等进行联动自动化控制。

还可以给每个猪仔带上耳标（“身份证”），猪仔的成长记录信息（如注射疫苗、体重等）均可以被记录。

图0-1　智能养殖系统人机界面

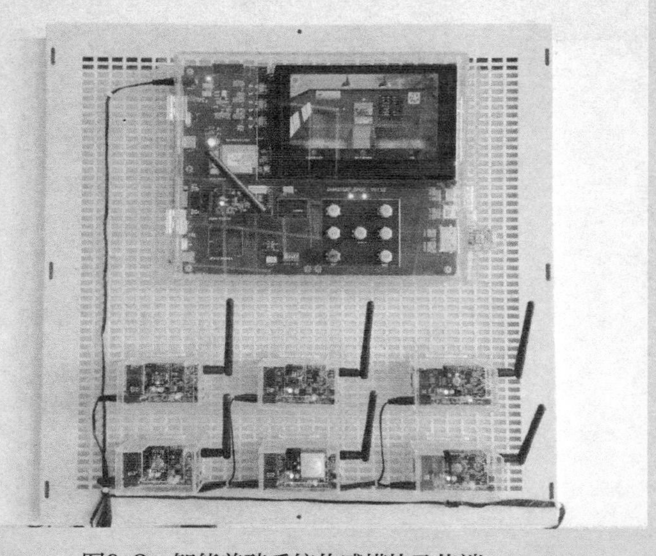

图0-2　智能养殖系统传感模块及终端

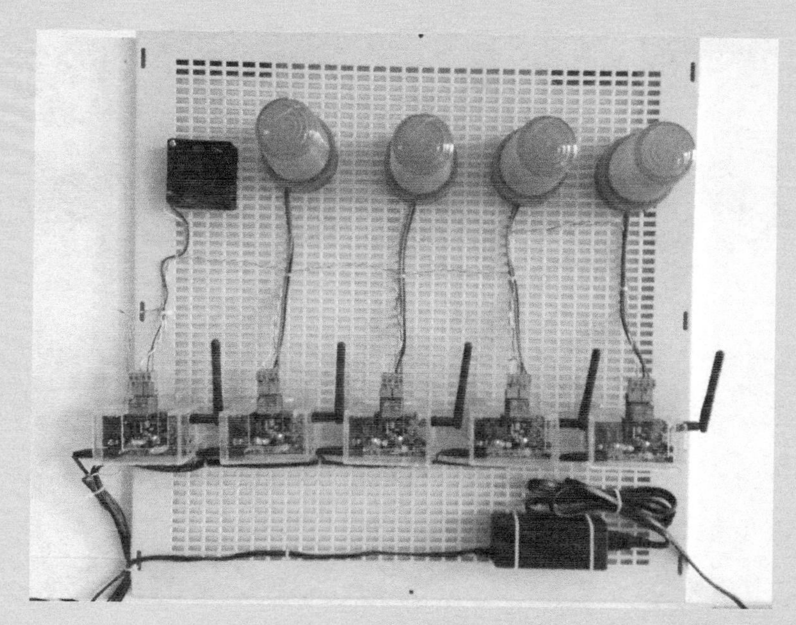

图0-3　智能养殖系统控制器及模拟设备

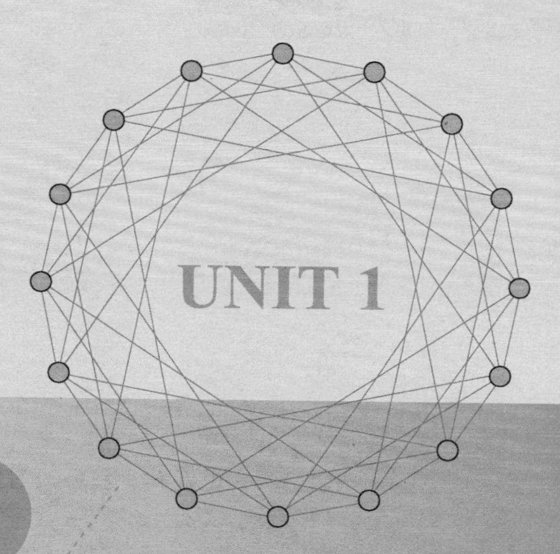

学习单元1

走近物联网

单元概述

本单元以学生身边的物联网应用系统为例，让学生体会、描述物联网的理念与方法，逐步实现对物联网概念的正确解读。并在此基础上了解物联网的体系结构，了解物联网发展的“前世今生”。

学习目标

1）能够辨别生活中哪些系统属于物联网技术应用范畴；

2）明确物联网的概念，提高学生对本专业的认可度；

3）初步了解物联网系统的体系结构；

4）掌握物联网有哪些关键技术；

5）提高学生信息搜索能力与合作学习能力。

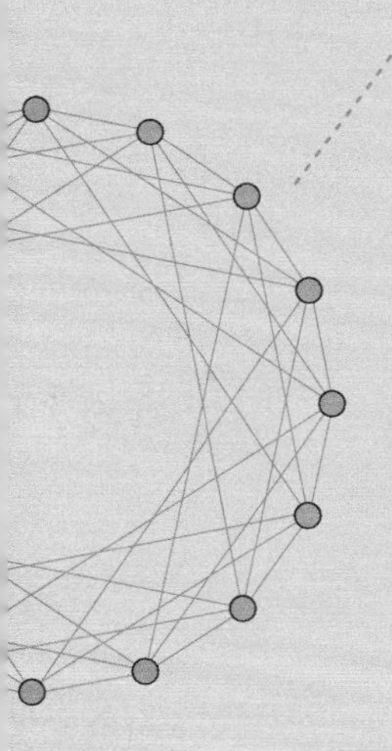

项目1 解读智慧（精细化）农业

项目概述

物联网是当今世界新一轮科技发展的战略制高点，“十二五”期间我国就已将其列为国家重点培育的五大战略性新兴产业之一。至此，我国传统农业向智慧农业跨越转型的大幕也由此拉开。农业部明确提出了全面推动农业物联网发展的战略，相继出台一系列扶持政策，保障物联网工作的推进和措施落实。

2013年，农业部在天津、上海、安徽三省市率先实施农业物联网区域试验工程，支持三地分别开展试验示范，探索农业物联网的推广应用模式，构建相关理论、技术等体系，并在全国范围内分区分阶段推广应用。农业部还利用财政专项重点支持江苏、辽宁等13个省市，围绕各自优势产业和产品，开展农业物联网技术在农业生产经营领域中的应用示范，引导和带动区域农业物联网的发展，为全国统筹协调推进农业物联网积累经验。

一场农业科技革命的浪潮正在席卷中国大地：越来越多的人放弃了传统耕作模式，开始用传感器与农作物进行“交流”，成为智慧农业时代的“新农人”。这就是“农业物联网（智慧农业）”，一个几年前还略显陌生的事物，如今却给我国的农业生产方式带来了深刻变革，并逐渐成长为一支能够改变“三农”格局的新生力量。

本项目针对智能大棚、智能灌溉、智能养殖3个系统进行介绍，着重从系统功能、硬件构成、传输网络等层面进行剖析，力求给学生留下物联网系统的大致轮廓，让学生对物联网有初步认知！

项目目标

1）了解智能大棚种植系统的框架结构；

2）了解智能大棚种植系统用到的数据采集设备；

3）理解智能灌溉系统的框架和功能；

4）熟悉灌溉开关控制的三种模式；

5）了解系统的数据采集和控制模块外形及功能；

6）理解智能物联网水产养殖监控系统的框架结构。

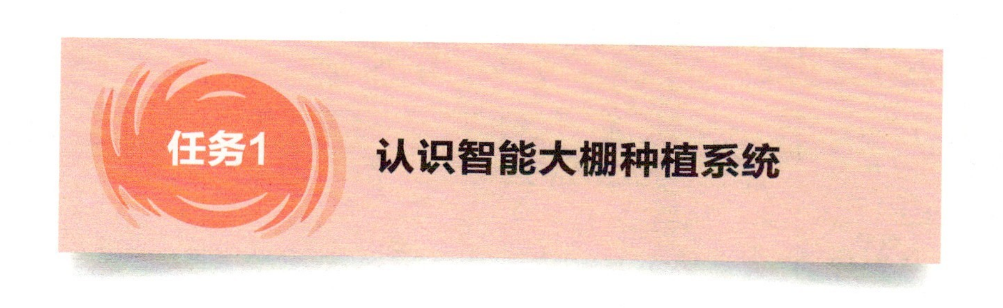

如果有条件可以实地观察“智能大棚”系统，如果没有条件则需要认真研读相关材料（或网上搜索相关资料），边阅读边思考，完成硬件认知任务。

任务实施

步骤一：系统初认识（观看视频或实地体验）

系统整体介绍，如图1-1所示。

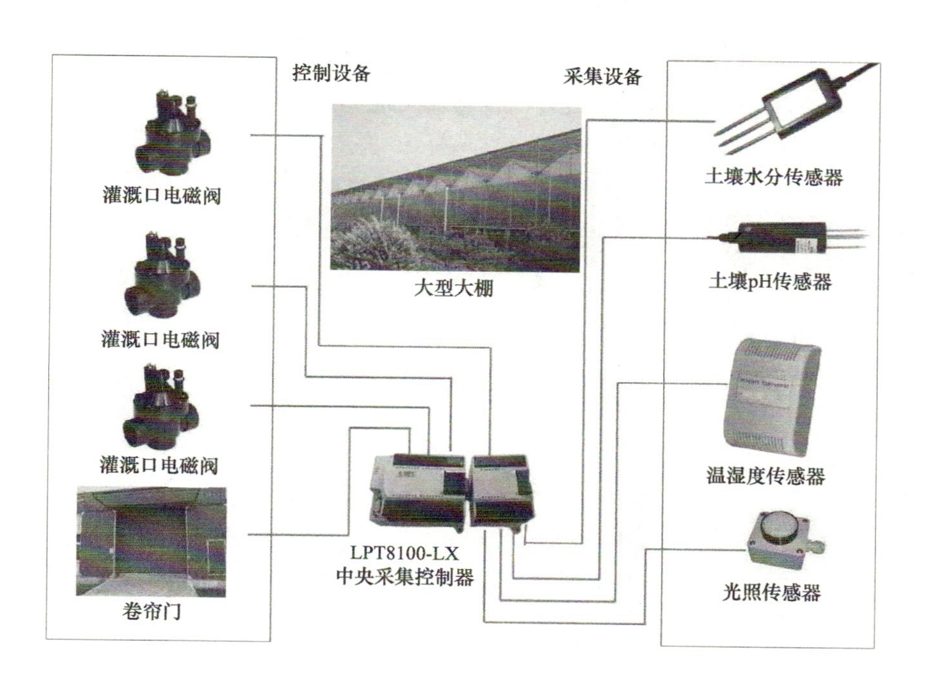

图1-1　系统拓扑图

1）采集温湿度、土壤水分、光照、CO_2等影响作物生长的环境指标。

2）根据环境指标和人为经验对湿帘、风机、遮阳板、喷灌等设施进行自动控制。

3）达到大棚环恒定在一个适合作物生长的环境，达到精细化种植的目的。

1. 数据采集

采集控制器连接相应传感器后可对数据进行采集，通过无线或有线传输的方式将周期时间内的数据传输到后台服务器，采集的数据见表1-1。

表1-1　大棚实时数据采集

时　　间	温度/℃	湿度/RH	土壤湿度/RH
9月15日　13:00	25.5	75.2	50.0
9月15日　12:45	26.1	68.5	56.2
9月15日　12:30	25.5	75.2	50.0
9月15日　12:15	26.1	68.5	56.2
9月15日　12:00	25.5	75.2	50.0
9月15日　11:45	26.1	68.5	56.2
9月15日　11:30	25.5	75.2	50.0
9月15日　11:15	26.1	68.5	56.2
9月15日　11:00	25.5	75.2	50.0
9月15日　10:45	26.1	68.5	56.2

2. 抽风机与湿帘自动化控制

温度：在温室大棚中，温度过高、过低等因素都会影响农作物的正常生长。不同种类作物对温度的要求不同，同一作物不同发育阶段对温度的要求也不同。在影响作物发育的各种因素中，温度最为关键。

湿度：空气相对湿度的大小直接影响到作物的光合作用。湿度过高，作物根部呼吸困难，危害作物发育；湿度过低，土壤含水量减少，作物会出现萎蔫现象。

CO_2：CO_2浓度与绿色植物的生长、发育、能量交换密切相关，合理控制CO_2浓度，绿色植物的光合作用将发挥很大的潜力，使农作物达到优质、高产、高效的栽培目的。CO_2浓度的监控在以温室大棚为代表的现代农业设施中发挥着巨大的作用。

传统的情况下人们需要在日出后和午后进行通风，日出后通风可增加CO_2的浓度和减少湿度，午后通风是为了控制温度，保持较大的光合作用。在其他时间段则需要工人根据经验来控制大棚内的温湿度和CO_2。

在智慧型测控系统中，采集控制器根据设置的通风时间段自动开启抽风机、湿帘，以及温湿度、CO_2联动条件自动控制。相关控制条件如图1-2所示。

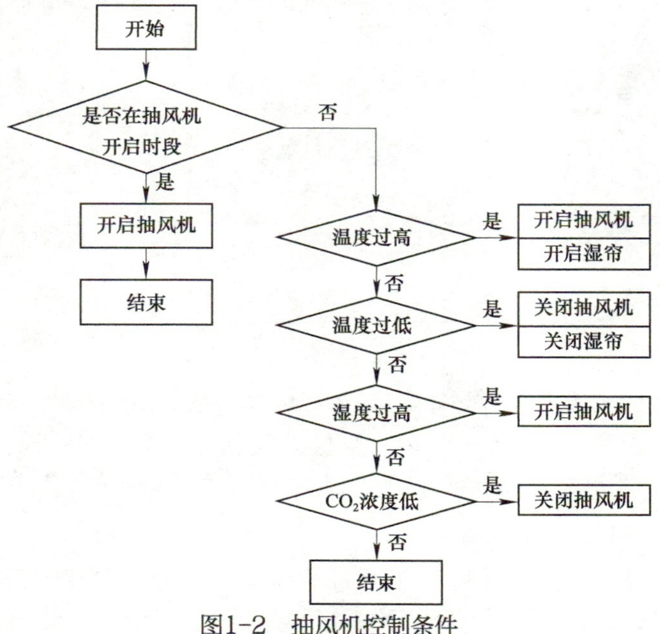

图1-2　抽风机控制条件

3. 远程管理

采集控制器通过GPRS/CDMA/Wi-Fi网络，将采集的数据传输到后台服务器，只要是有网络的地方就可以登录到监控网站查看所有数据，以及对设备进行远程设置，管理监控界面如图1-3所示。

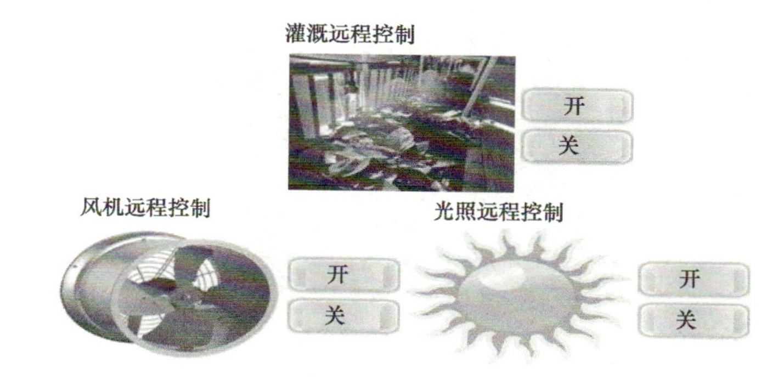

图1-3 管理监控界面

4. 遮阳板自动化控制

关于遮阳板自动化控制，可以设置开启遮阳板的最大光照强度，当光照强度超过了最大光照强度时会自动开启遮阳板，如图1-4所示。

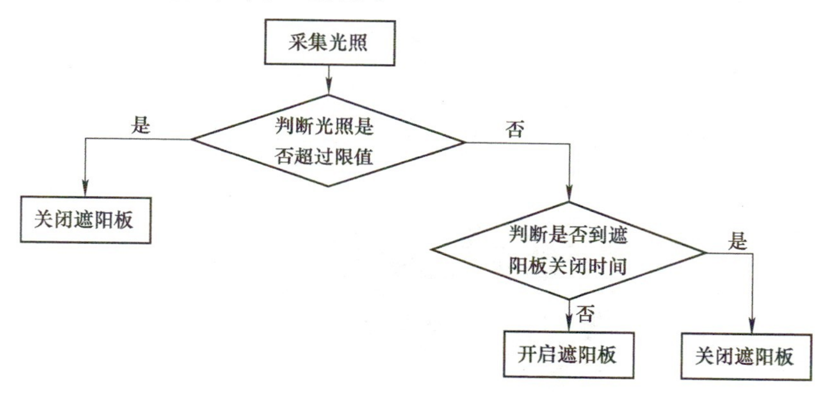

图1-4 遮阳板控制条件

知识链接

- ❑ 传统种植园区中依赖于工人的经验，在管理过程中人的主观能动性占了很重要的部分。种植园区的大棚数量往往很多，工人经常会忘记灌溉，或开启风机等设备，也会出现灌溉阀门忘记关闭等失误。因此可以在大棚内安装采集控制器，按照技术员设定的参数和环境参数，自动灌溉和启停各种设备，最大限度减少人为操作产生的失误。
- ❑ 降低农业劳动强度，节省人力，提高农业科学化、自动化水平，提高农业生产效率。
- ❑ 加强分散养殖场的集中管理和安全管理，便于农业专家远程指导。
- ❑ 提高农品生产企业品牌形象，提供优质食品。
- ❑ 合理化使用风机、水帘等电力设备，节省能源消耗支出。
- ❑ 通过历史环境监测数据分析，科学化、合理化种植，提高产量和果品品相。

步骤二：硬件认识（见表1-2）

表1-2　硬件名称及功能1

名　称	图　片	功　能
土壤水分传感器	 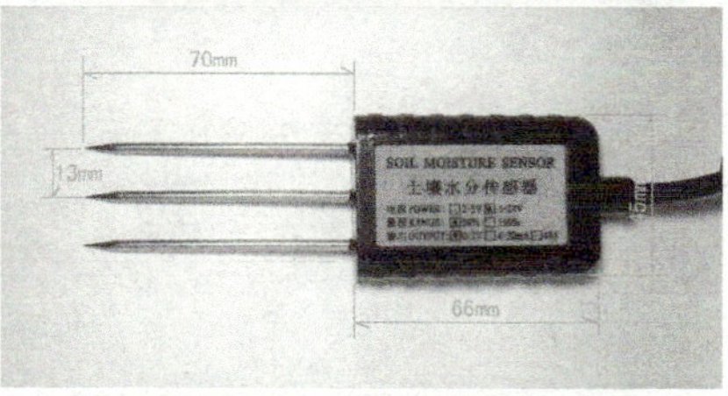	适用于科学试验、节水灌溉、温室大棚、花卉蔬菜、草地牧场、土壤速测、植物培养、污水处理及各种颗粒物含水量的测量
温湿度传感器	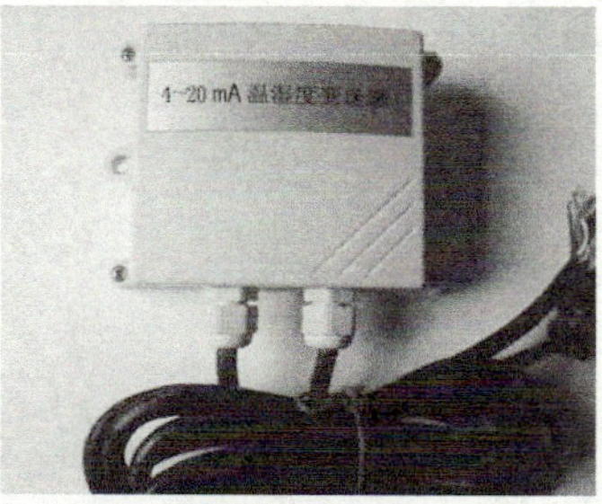	采用高精度温湿度探头，实时采集温度，湿度数据，并将其状态转换为模拟量信号输出
光照度传感器	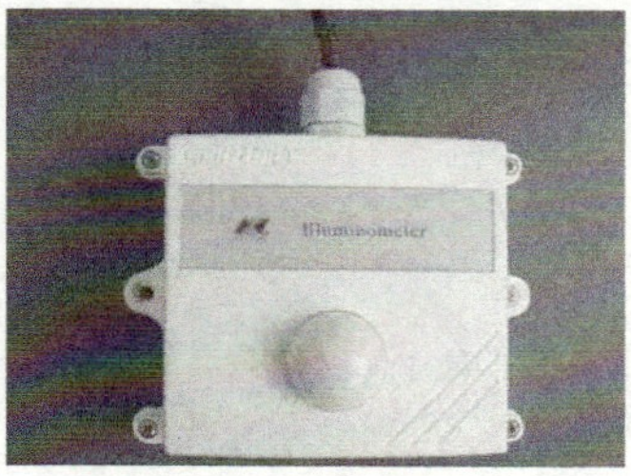	输出4～20mA的电流信号
二氧化碳传感器		模拟量输出30～50mV电压，浓度越高电压越高

思考题

1）各种传感器作为系统的“感官”，它们的功能是不是一样的呢？如果不一样，区别在哪里？

2）智能大棚的智能控制体现在哪些方面？

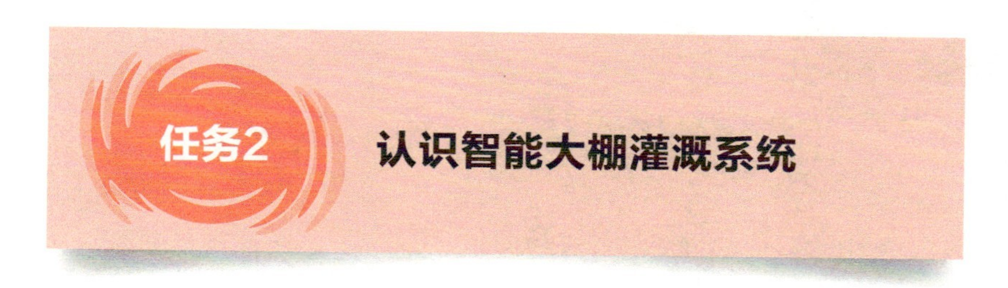

观察“智能灌溉”系统，查看系统硬件构成，了解硬件功能。

任务实施

步骤一：系统初认识（观看视频或实地体验）

1. 简介

本系统（产品）是物联网应用技术下的产物，广泛应用于农田、园林、庭院、高尔夫球场等灌溉领域，使得节水灌溉快步转向智能化、精准化、可控化。

所需设备详单见表1-3。

表1-3　设备详单

主要设备名称	所 需 数 量
服务器	一台
HFC模块	一块
土壤水分传感器	一个
手机卡	一张
电池阀	若干
水喷头	若干
导线	若干
水管	若干

2. 智能灌溉的优势

1）农民、技术员易上手，系统好学好用。

2）利用传感器识别雨天，延迟灌溉。

3）提高植物、农作物的生长质量或者满足景观需求。

4）无须人值守，且可以远程无线遥控。

5）具备手动/自动功能转换。

3. 系统拓扑结构图

小型灌溉系统如图1-5所示。

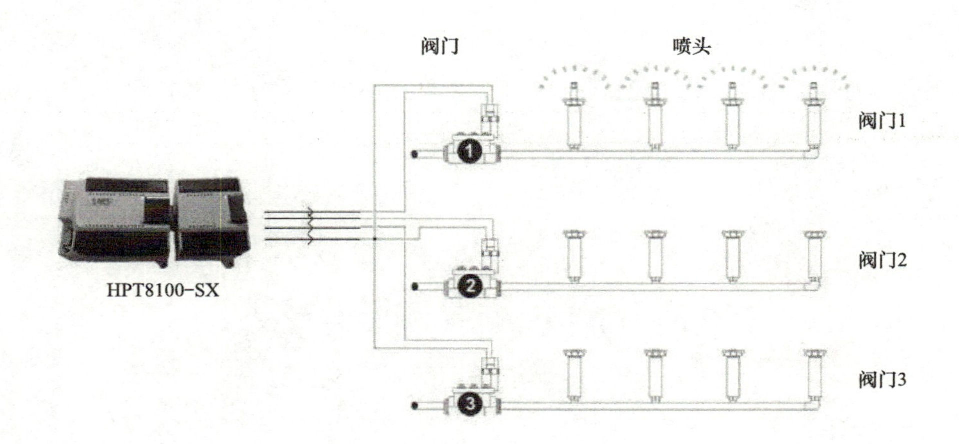

图1-5　小型灌溉系统

中型灌溉系统如图1-6所示。

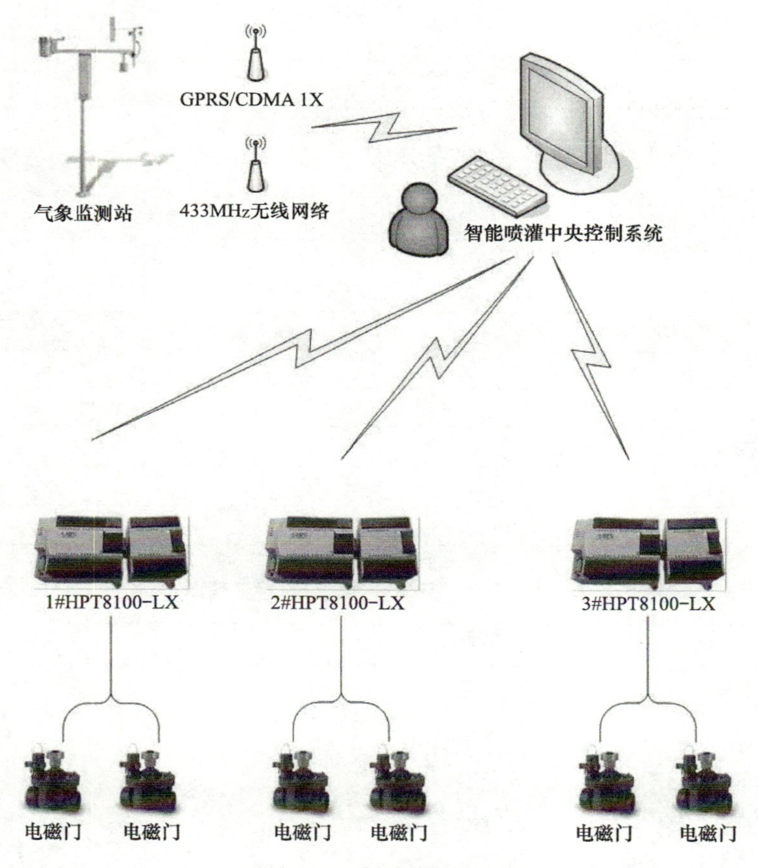

图1-6　中型灌溉系统

4. 设计理念

人机界面可以按照多种模式设定灌溉循环方式，不同区域、作物也可以使用不同的灌溉模式。

（1）自动控制

1）定时自动灌溉，设定程序灌溉的启动时间。

① 通过人机界面可以设定当前程序的启动时间；

② 设定阀门每次灌溉运行的时间；

③ 每一次灌溉均实行灌-停循环模式（如灌10min停5min，然后依次循环），防止水分堆积外流；

④ 设定季节、作物生长周期调整，不同季节、生长周期需要不同灌水量。

2）依据土壤水分传感器采集到的数据自动控制。

（2）远程遥控[可以通过手机或计算机对系统进行远程遥控（执行或暂停灌溉）]

（3）手动、自动控制切换开关，可执行手动控制

步骤二：硬件认识（见表1-4）

表1-4　硬件名称及功能2

名　称	图　片	功　能
模拟量采集模块		多通道模拟量采集模块，8路4～20mA直流电流，输出通信可选RS-232转RS-485接口
数字量采集和控制模块	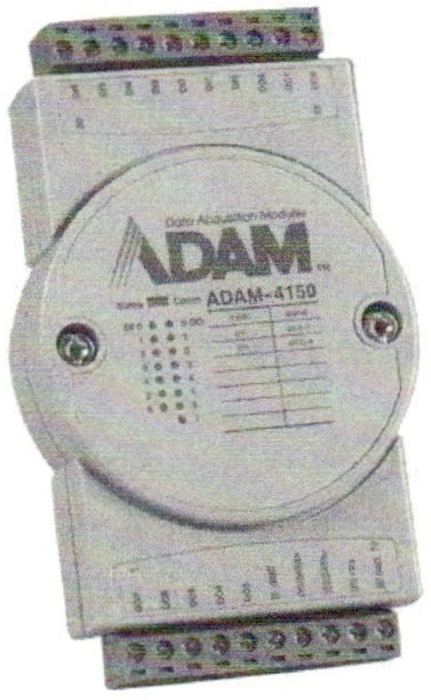	7通道信号输入及8通道输出（控制）

步骤三：分组讨论，填写表格

控制模式见表1-5。

表1-5　控制模式

灌溉控制方式	实现的手段（方法）
手动控制	
自动控制	
远程遥控	

步骤四：谈谈你对制动灌溉系统的认识

思考题

各种信息由传感器采集后，应该再传送给什么装置？

观察智能养殖系统及其硬件系统的构成，进而了解硬件功能。

任务实施

步骤一：系统初认识（观看视频或实地体验）

1. 系统介绍

物联网水产养殖监控系统用于高经济成鱼虾养殖，工厂化养殖，鱼苗虾苗孵化过程中的水体监测以及增氧、温控等设备的联动控制。通过对水体温度、pH值、溶氧、氨氮、电解率等指标的实时监测，联动各种相关设备，达到高产、预防病害、节省人工和电能的目的。

知识链接

水质与水产养殖间的关系

俗话说：“养鱼先养水”，在海水养殖上，水质是养殖成功的必要保证。水质的变化主要由藻类、排泄物、气候的变化导致。有时变化表现得相当讯速。水质的快速变化导致养殖风险高达60%～70%。水质的变化主要体现在水质参数的变化上。溶氧和pH值被称为水质总指标。水质变化的时候，都是通过总指标反映出来的，再根据其他指标进行分析确认原因。

系统拓扑图，如图1-7所示。

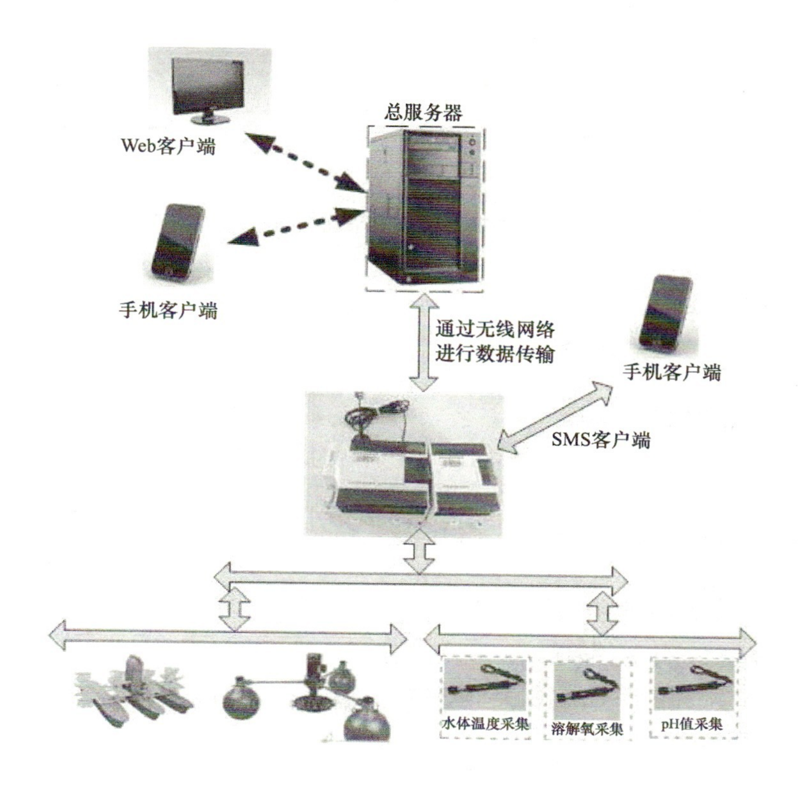

图1-7　系统拓扑图

部分实物如图1-8和图1-9所示。

图1-8　增氧机

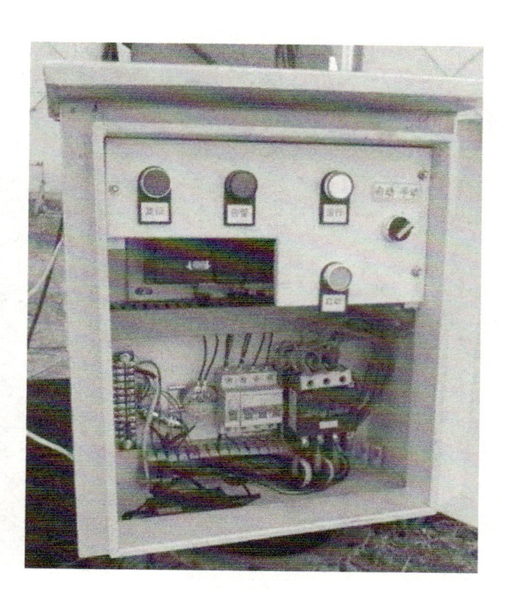

图1-9　控制模块

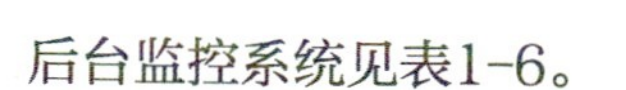

后台监控系统见表1-6。

表1-6　后台监控系统数据

时　间	pH值（N）	溶氧值（DOF）
03月03日　15:30	4.41	9.04
03月03日　15:15	0.16	7.26
03月03日　15:45	0.13	8.25
03月03日　15:30	0.09	462.83
03月03日　15:15	0.61	450.69

2. 系统功能

（1）成鱼虾养殖

1）采集1～20口塘溶氧、pH值、温度等指标，自动控制相应的增氧设备，投饵、排污、供水等电气设备。

2）水体指标恶化时短信告警。

3）多口塘水体指标同一时期横向比较，多口塘水体指标历史数据纵向比较。

（2）工厂化养殖

1）采集整个工厂循环水出水和入水口溶氧、pH值、温度、盐度、氨氮等指标，以及每个单塘采集水体溶氧指标。

2）自动控制相应的增氧设备，投饵、排污、供水和循环水泵等电气设备。

3）水体指标恶化时短信告警。

4）多指标同一时期横向比较，历史数据纵向比较。

（3）鱼虾苗孵化

1）采集水体温度、溶氧、pH值，盐度等指标。

2）自动控制冷热水进水量，电加热棒；自动控制盐水进水量。

知识链接

传统养殖方式与自动化养殖方式的比较见表1-7。

表1-7　传统养殖与物联网水体养殖对比

对比内容	传统养殖方式	物联网水体养殖测控系统
各项水质参数的测量、测试方法（溶氧、pH值、温度）	使用离线的水质监测仪器，需要人工定时去现场对水质进行测量，且测量值因不同的个体操作而产生误差	系统采用24h无人值守，实时在线监控测量水体的各项参数和指标，分时段自动对水质参数的测量值进行记录上送，全面提高测量数据的有效性和权威性
增氧设备的开/停使用时间的方式	因不能实时得知水体的含氧量情况，增氧设备需长时间开启	装置提供增氧设备控制功能，可根据水体含氧量自动判断，智能启/停，同时提供分时段控制功能，使水体含氧量始终保持在养殖体最适宜的生长范围
告警、预警方式	以往增氧设备的工作状况及水质的各项参数都需人工实地巡查预警且存在误差	可在供氧设备、养殖环境出现异常时主动发起告警，除传统的PC操作界面外，系统提供Web页面、手机软件查询告警等功能。全面详细地掌握实时情况

（续）

对比内容	传统养殖方式	物联网水体养殖测控系统
专家数据分析采样指导	没有系统的数据，无法从科学角度深入分析。往往等养殖体大面积死亡后去现场查看原因	系统所存储的数据信息可成为农技部门认识渔情，把握农势，制定策略，推动产业发展的重要凭据；为农技专家提供详细、准确、直观的图标数据，方便指导
价值	增氧设备的高损耗，人工的频繁采样，物力、人力、财力的大量消耗，难以保证的存活率	增氧设备采用间歇性运作，寿命增加2.5倍，池塘指标自动采集，减少人工，系统自动控制池塘最优曲线，提高存活率

步骤二：小组讨论

以成虾养殖为例，结合前面的内容，探讨物联网养殖系统的主要硬件构成，并填入表1-8中。

表1-8　物联网养殖系统硬件构成

硬件名称	功　能	数　量

步骤三：分析采集数据的传输过程（见图1-10）

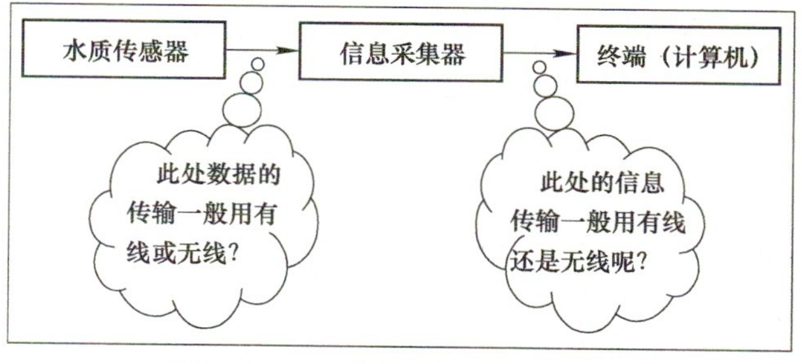

图1-10　分析采集数据的传输过程

小提示

很多时候，信息采集器和终端距离比较远，如公交车实时的行进路线、速度、车载视频等信息由公交车上的传感器等设备采集，采集后需要回传给公交车调度中心，这种情况还适合采用有线吗?

请填写表1-9。

表1-9　方案对比

序　号	解决方案	如何实现	方案优劣（成本、可能性、传输可靠性）
1	有线	用数据线一对一连接在一起	
2	无线	用手机或Wi-Fi等卡进行无线传输	

步骤四：谈一谈智能养殖系统是什么

思考题

1）通过物联网养殖系统，传感器采集来的数据在哪里可以看到？

2）以增氧机为例，谈一谈自动控制增氧机是如何实现的？

项目总结

本项目通过对智慧（精细化）农业三个案例进行剖析，分别对系统的硬件构成、网络传输、设备控制等方面进行阐述与分析，使学生对物联网系统有初步的认知。物联网系统是自动化控制方向的一个分支，具有生命力可渗透到生活的各个方面。

项目2　物联网“热”概念，“冷”思考

项目概述

“物联网”被业界称为继互联网和移动通信之后的万亿级通信产业，移动、电信、联通都展示了“物联网”概念产品与服务，虽然行业为这个概念沸腾了，但这个概念并不是新概念，2005年就提出来了，只是当时并没有引起业界的重视。随着4G无线网络的建设，带宽资源突然丰富起来，大家都在找好的应用，“物联网”借机再次出现，恰到好处。本项目在众多物联网系统的基础上引导人们自己去寻求物联网的概念。

项目目标

1）能够正确辨析生活中哪些实例是物联网技术的应用；

2）正确掌握物联网的概念；

3）能够辨别某些系统是否为物联网技术应用范畴。

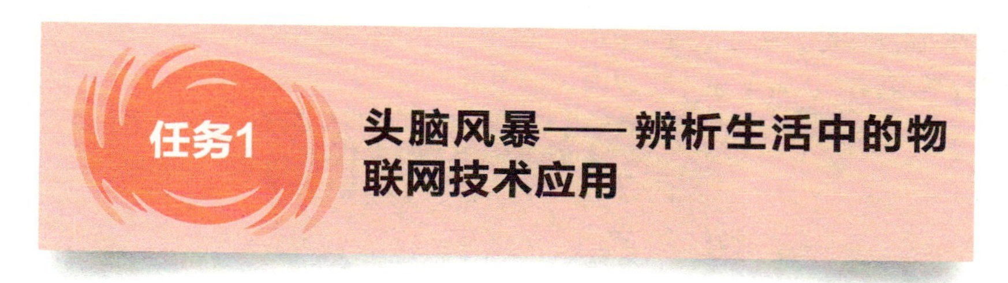

（1）思考生活中的物联网案例

（2）使用“头脑风暴”法辨析生活中的物联网应用技术

（3）总结、分析“热”概念

任务实施

步骤一

1. 视频播放智能家居系统视频（可参考网络视频）

2. 个别物联网生活实例展示

1）酒店大厅自动门如图1-11所示。

图1-11　酒店大厅自动门

2）宁波通手机软件，如图1-12和图1-13所示（如某一班车到哪一站，据此还有几分钟到均可显示在屏幕上，为乘车提供选择依据）。

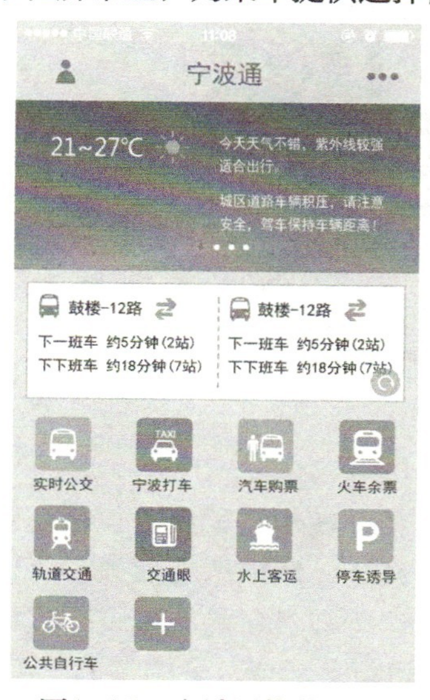

图1-12　宁波通软件界面1

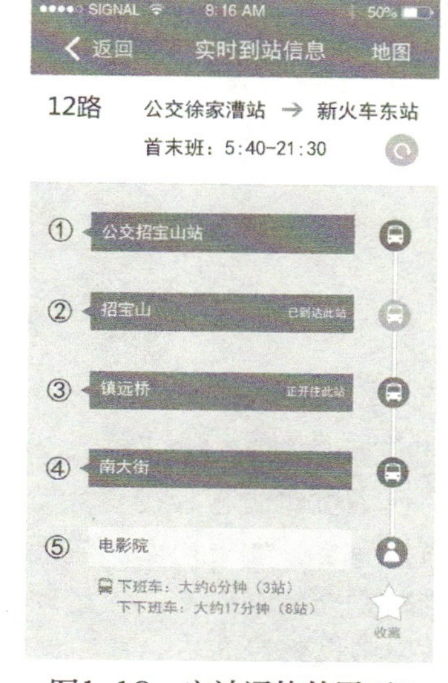

图1-13　宁波通软件界面2

3）公交车调度中心，如图1-14所示。

公交车行进路线、实时车速（超速即时报警）、即时监控录像在调度中心可查阅。

图1-14　公交车调度中心

4）施工升降机安全管理系统，如图1-15和图1-16所示。

进入升降机前，需进行人脸识别（辨别是否为工地施工人员）方能进入升降机，否则不能进入。对整个施工现场起到安全保障作用，避免外界人员的干扰和不安全因素的产生。

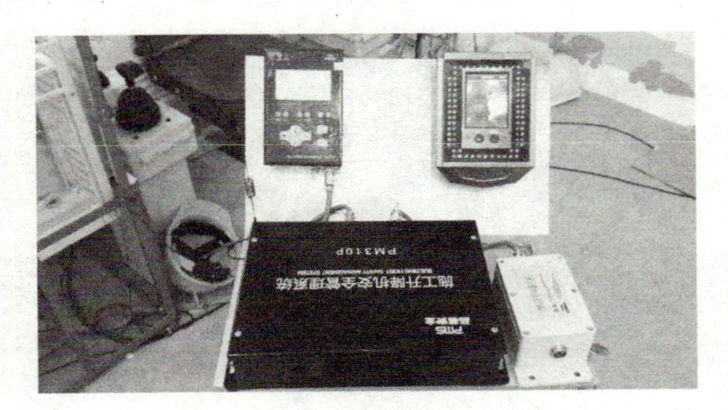

图1-15　施工升降机安全管理系统

图1-16　人脸识别模块

5）塔机之间防碰撞安全系统。

如果两台塔机作业区存在交叠交叉，它们各部分将存在相互干涉（包括塔臂、塔身、钢丝绳和桅杆等），如果协调不当就有可能发生相互碰撞，造成严重后果。可以让两台塔机在保证绝对安全的基础上，以最理想的速度和方式运行在各自的轨迹上，这样就可以在施工现场布设多台塔机而不必在如何处理它们的干涉问题上耗费过多的精力（见图1-17和图1-18）。

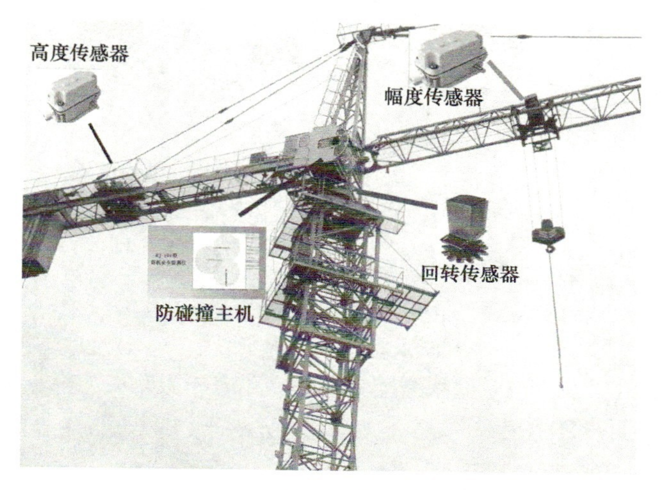

图1-17　塔机上安装的传感器

图1-18　多塔机联合作业

6）火车站进出站闸机控制系统。

通过刷特定火车票（二维码）进出车站（见图1-19和图1-20）。

图1-19　火车站进出口闸机

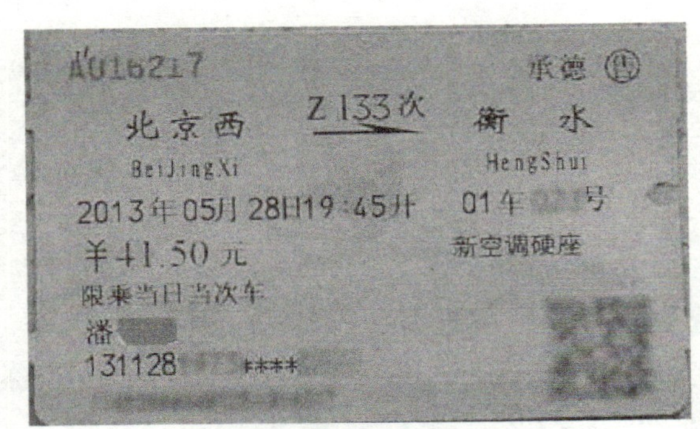

图1-20　新版火车票

7）家庭用智能机器人，可以远程遥控其唱歌，和老年人聊天，开、关家中电器，听人指挥等。智能机器人如图1-21所示。

图1-21　智能机器人

步骤二：依据之前所学知识，利用头脑风暴的学习方式，列举生活中物联网技术应用实例请填写表1-10。

表1-10　物联网技术应用实例举例

序号＼案例＼分组	小组一	小组二	小组三	小组四
第1个				
第2个				
第3个				
第4个				
第5个				
第6个				

步骤三：初步分析“物联网”是什么？

思考题

1）谈一谈酒店自动开关门的工作原理。

2）公交车车载终端有时会发出告警说：“车已超速，请减速”。如何在物联网技术层面去解读它？

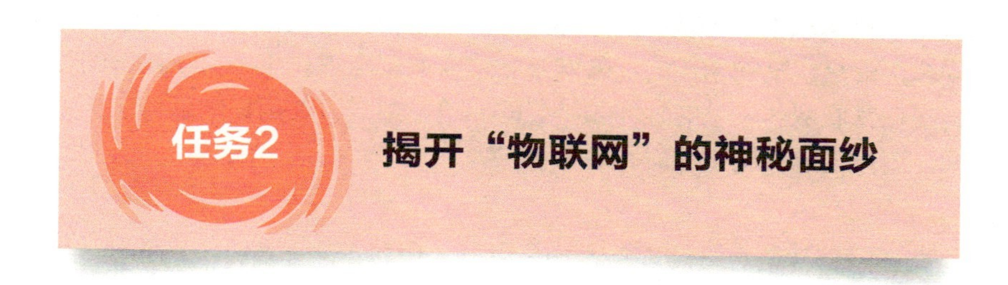

通过本单元任务1的学习，了解物联网系统要通过各种采集和感知设备获取信息，信息通过网络传递，实现各种设备的自动化控制。通过阅读本节，我们将对物联网的概念有全面的了解。

任务实施

步骤一：回顾之前所提及的物联网系统，分析物联网系统的共同特点，用自己的语言进行描述

步骤二：阅读

“物”的含义。

这里的“物”要满足以下条件才能够被纳入“物联网”的范围（见图1-22）：

图1-22 物联网示意图

① 要有相应信息的接收器；

② 要有数据传输通路；

③ 要有一定的存储功能；

④ 要有CPU；
⑤ 要有操作系统；
⑥ 要有专门的应用程序；
⑦ 要有数据发送器；
⑧ 遵循物联网的通信协议；
⑨ 在世界网络中有可被识别的唯一编号。

1. 物联网的定义

物联网是新一代信息技术的重要组成部分，英文名称为“The Internet of Things”。顾名思义，物联网就是“物物相连的互联网”。这有两层意思：第一，物联网的核心和基础仍然是互联网，是在互联网基础上的延伸和扩展的网络；第二，其用户端延伸和扩展到了任何物体与物体之间，进行信息交换和通信。

2. 物联网的内涵

物联网是指通过各种信息传感设备，如传感器、射频识别（RFID）技术、红外感应器、激光扫描器、气体感应器等各种装置与技术，实时采集任何需要监控、连接、互动的物体或过程，采集其声、光、热、电、力学、化学、生物、位置等各种需要的信息，与互联网结合形成的一个巨大网络。其目的是实现物与物、物与人，所有的物品与网络的连接，方便识别、管理和控制。

3. 物联网的特征

与传统的互联网相比，物联网有其鲜明的特征。

首先，它是各种感知技术的广泛应用。物联网上部署了海量的多种类型传感器，每个传感器都是一个信息源，不同类别的传感器所捕获的信息内容和信息格式不同。传感器获得的数据具有实时性，按一定的频率周期性采集环境信息，不断更新数据。

其次，它是一种建立在互联网上的泛在网络。物联网技术的重要基础和核心仍旧是互联网，通过各种有线和无线网络与互联网融合，将物体的信息实时准确地传递出去。在物联网上的传感器定时采集的信息需要通过网络传输，由于其数量极其庞大，形成了海量信息，在传输过程中，为了保障数据的正确性和及时性，必须适应各种异构网络和协议。

再次，物联网不仅仅提供了传感器的连接，其本身也具有智能处理的能力，能够对物体实施智能控制。物联网将传感器和智能处理相结合，利用云计算、模式识别等各种智能技术，扩充其应用领域。从传感器获得的海量信息中分析、加工和处理出有意义的数据，以适应不同用户的不同需求，发现新的应用领域和应用模式。

4. 物联网的“中国式”定义

物联网（Internet of Things）是指将无处不在的末端设备和设施，包括具备“内在智能”的传感器、移动终端、工业系统、楼控系统、家庭智能设施、视频监控系统等，与“外在使能”（Enabled）的，如贴上RFID的各种资产（Assets）、携带无线终端的个人与车辆等“智能化物件或动物”或“智能尘埃”（Mote），通过各种无线和/或有线的长距离和/或短距离通信网络实现互联互通（M2M）、应用大集成（Grand Integration），以及基于云计算的SaaS营运等模式，在内网（Intranet）、专网（Extranet）和/或互联网（Internet）环境下，采用适当的信息安全保障机制，提供安全可控乃至个性化的实时在线

监测、定位追溯、报警联动、调度指挥、预案管理、远程控制、安全防范、远程维保、在线升级、统计报表、决策支持、领导桌面（集中展示的Cockpit Dashboard）等管理和服务功能，实现对“万物”的“高效、节能、安全、环保”的“管、控、营”一体化（见图1-23和图1-24）。

图1-23　物联网概念图

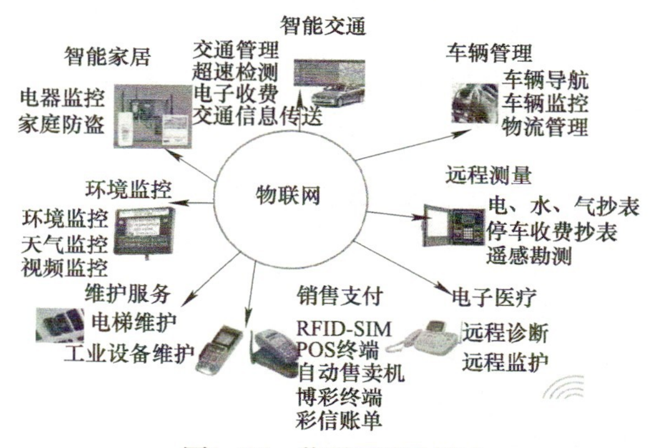

图1-24　物联网涉及领域

步骤三：下定义

物联网概念是在互联网概念的基础上，将其用户端延伸和扩展到任何物品与物品之间，进行信息交换和通信的一种网络概念。

其定义是：通过射频识别（RFID）、红外感应器、全球定位系统、激光扫描器等信息传感设备，按约定的协议，把任何物品与互联网相连接，进行信息交换和通信，以实现智能化识别、定位、跟踪、监控和管理的一种网络。

“一句式”理解物联网，即把所有物品通过信息传感设备与互联网连接起来，以实现智能化识别和管理。

步骤四：解读物联网与互联网的关系

任何事物和该事物在人们头脑中形成的概念的关系都是相互依存的关系。该事物的概念是该事物在人们头脑中的本质属性的反映。物联网也是一种事物。因此，物联网和物联网概念的关系也是相互依存的关系。离开了物联网，物联网概念就是无本之木，无源之水；有物联网就必然会在人们头脑中形成与之相对应的物联网概念，不存在只有物联网，而没有物联网概念的情况。这就是物联网和互联网概念的辩证关系。当然，在科学实践活动中，人们头脑中形成的科学概念，与前科学思维时期人们认识周围事物最初所形成的日常生活概念有所不同，科学概念也可以作为表现某一认识阶段上科学知识和科学研究的结果或总结而存在。物联网概念也是一种科学概念。正如前面定义所述，物联网概念是在互联网概念的基础上，将其用户端延伸和扩展到任何物品与任何物品之间，进行信息交换和通信的一种网络概念。它也是互联网知识和研究的结果和总结（见图1-25）。

图1-25　互联网与物联网

思考题

1）请谈一谈物联网的概念？

2）看到图1-26你想到了什么？

图1-26　智能空调天猫首发

项目总结

本项目通过多个实例引导学生，说明了物联网系统要通过各种采集和感知设备获取信息，信息通过网络传递，实现各种设备的自动化控制。

学习完该项目后，学生应该能够对生活中的物联网系统有所认知，并能够解读此系统。发现身边的物联网系统，更高层次可以在“理论上”改善之。

项目3 物联网的体系结构——以智慧农业为例

项目概述

物联网是以感知为目的的物物互联系统，涉及网络、通信、信息处理、传感器、RFID、安全、服务技术、标志、定位、同步、数据挖掘、多网融合等众多技术领域。经过数年的快速发展，各国不同的单位和机构均初步建立了各自的技术方案，但核心技术研发方面缺乏单位间的协同攻关，各类方案间缺乏统一的规划和接口，处于离散状态。另外，由于物物互联应用领域众多，各类应用特点和需求不同，当前技术解决方案无法满足共性需求，尤其在物理世界信息交互和统一表征方面。这对物联网产业发展极为不利，亟须建立统一的体系架构和标准技术体系。

项目目标

1）能够描述物联网系统的功能；

2）熟悉物联网的系统构成。

充分了解物联网的概念和功能之后，有必要把物联网系统的“身段”逐步勾勒出来。物联网系统的“身段”是怎样的呢？下面将从物联网应用系统的功能入手并结合实训室部分真实系统的呈现，去揭开其“身段”的神秘面纱。

1）问题：物联网系统的功能有哪些？

2）解读名词：体系结构。

体系结构所属现代词，是指一组部件以及部件之间的联系。

自1964年G. Amdahl首次提出体系结构概念，人们对计算机系统开始有了统一而清晰的认识，为此后计算机系统的设计与开发奠定了良好的基础。近50年来，体系结构学科得到了长足的发展，其内涵和外延得到了极大的丰富。

任务实施

步骤一：学生观察（网络资源）“智能养殖系统”和“自动灌溉系统”并填写表格

学生每5人一组，观察2个系统，填写表1-11，并派代表发言，交流2个系统的功能。

表1-11 系统功能

系统名称	智能养殖系统	自动灌溉系统
硬件上的相同点		
使用网络的相同点		
系统所做“动作”相同点		
透过现象看本质——其基本功能		

步骤二：剖析物联网系统的功能

教师总结步骤一中学生的结论，并予以引导。

物联网给人以巨大的想象空间，使得虚拟世界和现实生活完美地结合在一起，那么今后人们的生活将会更加智能化。

物联网三个关键功能：一是各类终端实现“全面感知”；二是电信网、互联网等融合实现“可靠传输”；三是云计算等技术对海量数据“智能处理”。物联网最大的优势在于各类资源的“虚拟”和“共享”，这也与通信网发展的扁平化趋势相契合。

步骤三

根据物联网的本质属性和功能，其体系架构可以分为3层：感知层、网络层和应用层，如图1-27所示。

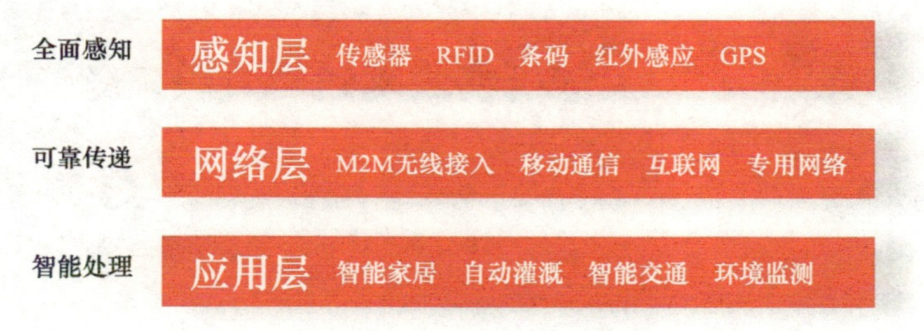

图1-27 物联网的体系结构

感知层主要解决的是信息的采集与感知问题，是物联网的最底一层。在物联网中，简单地将人和物，物和物互联意义不大，如果把一杯水和某个人联系在一起没有什么意义。但是，如果通过感知技术告诉人这杯水的矿物质含量、是否有毒及水的温度，这就非常有用。

感知层包括条形码、各种传感器、射频系统、视频监控等网络设备、智能化网络传感器节点等，采集物理世界中发生的物理事件和数据信息。

感知技术是实现物联网的基础。射频识别系统通过射频信号自动识别目标对象并获取相关信息，此过程不需要过多的人工干预，可用于各种工作环境中。电五官—— 传感器不仅可以感知光、电、热和力等物理量，还可以感知色彩、味道、倾斜度和加速度等参数。随着电子器件的不断发展，传感器正向着微型化、智能化、网络化的方向转变。

物联网为每一个物体自入了一个“能说会道”的高科技感应器，这样，任何冷冰冰的、没有生命的物体都可以变得“有感受、有知觉”。当人们的生活进入到这一步时，也就意味着进入了“物联网”时代。

网络层是物联网的中间层，主要解决感知层所获得的信息在一定范围内（通常是长距离）的传输问题。即将来自感知层的各类信息通过网络传输到远程终端的应用服务层。

物联网实际上是仿生学的产物，它模仿的是人类这种具有思维能力和执行能力的高级动物。与人一样，作为耳目的传感器、作为手的执行器和作为大脑（神经）的互联网，需要实现各器官之间的互动与沟通。

网络层的可靠传输，通常要用到现有的电信运行网络，包括无线和有线网络。由于传感器网络是个局部的无线网络，因而无线移动通信、3G网络是作为承载物联网的有力支撑。

应用层是物联网的远程终端层，主要解决信息处理和人机界面的问题，结合行业需求实现智能化服务。

网络层传输来的数据进入各种信息系统处理，并通过各种设备与人进行交互或者对设备进行智能控制。

步骤四：案例分析

ETC全国联网节日出行更顺畅

到目前，浙江省ETC实现全国联网已有一段时间。期间，ETC各项系统运行稳定。数据显示，2015年8月25日至9月24日，累计通行省外ETC车55 766辆次，省内出省ETC车32 992辆次；跨省交易量88 758笔，占ETC总交易量的10.46%；处理跨省争议数据470条，跨省交易投诉为0。

根据国家政策规定，国庆节期间7座及以下载客车辆免收车辆通行费，免费时段为10月1日00：00至10月7日24：00。其中，免费期间小型客车ETC用户在青海省境内的通行方式具体如下：

1）通行开放式路段收费站，可以选择人工车道或者ETC车道通行，均可享受免费政策。

2）通行封闭式路段收费站：①入口通行ETC车道时，出口可以选择ETC或者人工车道，均可享受免费政策；②入口通行人工车道时，出口必须选择人工车道。如果出口选择ETC车道，会由于系统无法读取入口信息而不能正常通行。③免费结束前两个小时起需再次行驶高速公路的ETC车辆，应选择ETC车道进、出，如选择人工车道，必须刷青通卡写入当次的入口信息，保证免费结束后正常扣费。④正常情况下建议ETC用户尽量选择ETC车道通行收费站。

除了ETC车道，为了保障人工车道通畅，国庆期间，省高管局各收费站根据实际情况，在人工车道设置了一定数量的小型客车专用通道，通过醒目标志加以引导，并实行车辆分流行驶。联网路段各收费站点在免费时段开始以及结束前两个小时的入口处针对非ETC车辆发放纸质通行券，车辆在出口凭卷通行。此外，为方便广大ETC用户的通行顺畅，省高管局提示ETC用户，全国联网后应严格遵守国标“一车一卡一标签”的规定，确保车辆上只安装一套电子标签和非现金支付卡。其余的应尽快到相应省市发行网点注销，以免联网后出现重复扣款、无法正常通行等现象，给出行造成不便（见图1-28和图1-29）。

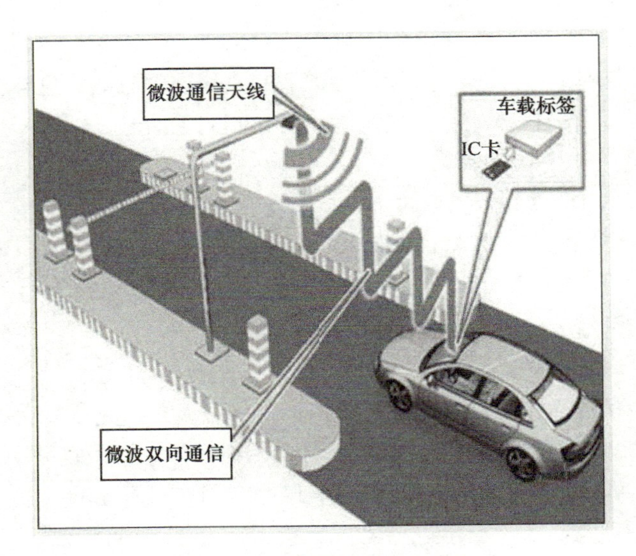

图1-28　ETC系统结构简图

图1-29　ETC与常规通道比对

通过案例分析，回答以下问题：

1）此案例中的ETC系统是不是典型的物联网技术的应用系统？为什么？

2）如果是物联网应用系统，请分析此系统的体系结构是怎样的？

思考题

用自己的语言解读一下“某物联网系统”的体系结构。

项目总结

物联网体系结构根据其功能划分为感知层（采集和感知信息）、网络层（信息传递）和应用层（功能实现）3层。

项目4 物联网关键技术分析——以智慧农业为例

项目概述

物联网关键技术主要涉及信息感知与处理，短距离无线通信，广域网通信系统，云计算，数据融合与挖掘，安全，标准，新型网络模型，如何降低成本等技术。

项目目标

掌握物联网的主要关键技术有哪些。

充分了解“物联网”的概念和功能之后，有必要把物联网系统的“身段”逐步勾勒出来。到底物联网系统的“身段”是怎样的呢？下面从物联网应用系统的功能入手，结合实训室部分真实系统的呈现，去揭开其“身段”的神秘面纱。

任务实施

步骤一：知识回顾

1）物联网的三层体系结构包括：____________、_____________、_____________。

2）分组讨论：“智能灌溉系统”的构成及功能如何？

步骤二：阅读

目前物联网已成为IT业界的新兴领域，引发了相当热烈的研究和探讨。不同的视角对物联网概念的看法不同，所涉及的关键技术也不相同。可以确定的是，物联网技术涵盖了从信息获取、传输、存储、处理直至应用的全过程，这需要在材料、器件、软件、网络、系统等各个方面都有所创新才能促进其发展。国际电信联盟报告提出，物联网主要需要四项关键性应用技术：①标签物品的射频识别（RFID）技术；②感知事物的传感网络技术（Sensor technologies）；③思考事物的智能技术（Smart technologies）；④微缩事物的纳米技术（Nanotechnology）。显然这是侧重了物联网的末梢网络技术。

针对物联网的内涵，分析研究实现物联网所涉及的关键技术，譬如感知技术、网络通信技术、数据融合与智能技术以及云计算等。

1. 感知技术

感知技术也可以称为信息采集技术，它是实现物联网的基础。目前，信息采集主要采用电子标签和传感器等方式来完成。

（1）电子标签

在感知技术中，电子标签用于对采集的信息进行标准化标志，数据采集和设备控制通过射频识别读写器、二维码识读器等实现。RFID是一种非接触式的自动识别技术，属于近程通信，与之相关的技术还有蓝牙技术等。RFID通过射频信号自动识别目标对象并获取相关数据，识别过程无须人工干预，可工作于各种恶劣环境。RFID技术可识别高速运动的物体并可同时识别多个标签，操作快捷方便。RFID技术与互联网、通信等技术相结合，可实现全球范围内物品跟踪与信息共享。RFID电子标签如图1-30所示。

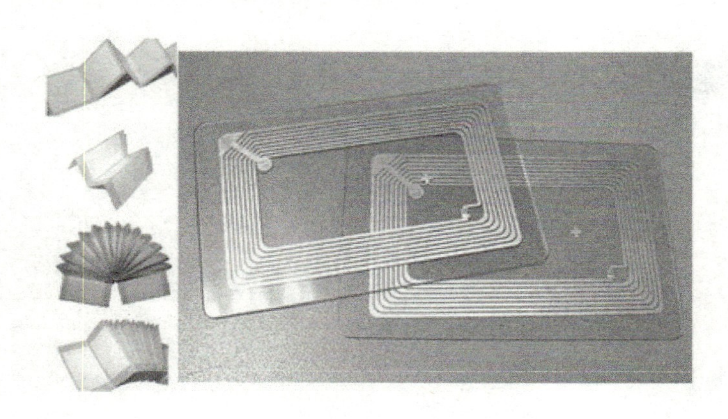

图1-30　RFID电子标签

RFID电子标签是近几年发展起来的新型产品，也是替代条形码走进物联网时代的关键技术之一。所谓RFID电子标签就是一种把天线和IC封装到塑料基片上的新型无源电子卡片，具有数据存储量大、无线无源、小巧轻便、使用寿命长、防水、防磁和安全防伪等特点。RFID读写器（即PCE机）和电子标签（即PICC卡）之间通过电磁场感应进行能量、时序和数据的无线传输。在RFID读写器天线的可识别范围内，可能会同时出现多张PICC卡。如何准确识别每张卡，是A型PICC卡的防碰撞（也称防冲突）技术要解决的关键问题。

（2）传感器

传感器是机器感知物质世界的“感觉器官”，用来感知信息采集点的环境参数；它可以感知热、力、光、电、声、位移等信号，为物联网系统的处理、传输、分析和反馈提供最原始的信息。随着电子技术的不断进步，传统的传感器正逐步实现微型化、智能化、信息化、网络化；同时，我们也正经历着一个从传统传感器到智能传感器再到嵌入式Web传感器不断发展的过程。目前，市场上已经有大量门类齐全且技术成熟的传感器。网络通信技术在物联网的机器到机器、人到机器和机器到人的信息传输中，有多种通信技术可供选择，主要有有线（如DSL、PON等）和无线（如CDMA、GPRS、IEEE 802.11a/b/g WLAN等）两大类技术，而这些技术均已相对成熟。在物联网的实现中，无线传感网技术格外重要。

2. 无线传感网的主要技术

无线传感网（Wireless Sensor Networks，WSN）是集分布式信息采集、传输和处理技术于一体的网络信息系统，以其低成本、微型化、低功耗和灵活的组网方式、铺设方式以及适合移动目标等特点受到广泛重视。物联网正是通过遍布在各个角落和物体上的形形色色的传感器以及由它们组成的无线传感网络来感知整个物质世界的。目前，面向物联网的传感网，主要涉及以下几项技术（见图1-31）。

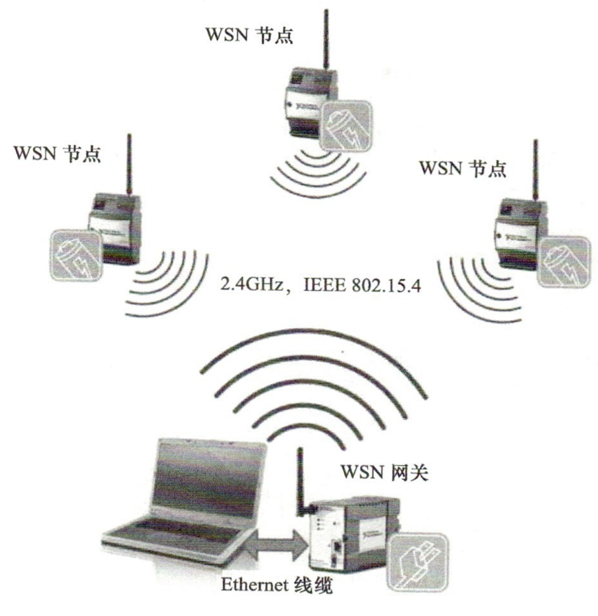

图1-31　无线传感网拓扑图

ZigBee技术是基于底层IEEE 802.15.4标准，用于短距离范围、低传输数据速率的各种电子设备之间的无线通信技术，它定义了网络层、安全层和应用层。ZigBee技术经过多年的发展，技术体系已相对成熟，并已形成一定的产业规模。在标准方面，已发布ZigBee技术的第3个版本V1.2；对于芯片，已能够规模生产基于IEEE 802.15.4的网络射频芯片和新一代的ZigBee射频芯片（将单片机和射频芯片整合在一起）；在应用方面，ZigBee技术已广泛应用于工业、精确农业、家庭和楼宇自动化、医学、消费和家用自动化、道路指示、安全行路等众多领域（见图1-32）。

图1-32　ZigBee模块

与IPv6相关联的技术。若将物联网建立在数据分组交换技术基础之上，则将采用数据分组网即IP网作为承载网。IPv6作为下一代互联网协议，具有丰富的地址资源，能够支持动态路由机制，可以满足物联网对网络通信在地址、网络自组织以及扩展性方面的要求。但是，由于IPv6过于庞大复杂，不能直接应用到传感器设备中，需要对IPv6和路由机制做相应的精简，才能满足低功耗、低存储容量和低传送速率的要求。目前有多个标准组织进行相关研究，IPSO联盟于2008年10月已发布了一种最小的协议栈——μIPv6。

3. 数据融合与智能技术

物联网是由大量传感网节点构成的，在信息感知过程中，采用各个节点单独传输数据到汇聚节点的方法是不可行的。因为网络存在大量冗余信息，会浪费大量的通信带宽和宝贵的能量资源。此外，还会降低信息的收集效率，影响信息采集的及时性，所以需要采用数据融合与智能技术进行处理。

（1）分布式数据融合

所谓数据融合是指将多种数据或信息进行处理，组合出高效且符合用户需求的数据的过程。在传感网应用中，多数情况只关心监测结果，并不需要收集大量原始数据，数据融合是处理该类问题的有效手段。例如，借助数据稀疏性理论在图像处理中的应用，可将其引入传感网用于数据压缩，以改善数据融合效果。

分布式数据融合技术需要人工智能理论的支撑，包括智能信息获取的形式化方法、海量信息处理的理论和方法、网络环境下信息的开发与利用方法以及计算机基础理论。同时，还需掌握智能信号处理技术，如信息特征识别和数据融合、物理信号处理与识别等。

（2）海量信息智能分析与控制

海量信息智能分析与控制是指依托先进的软件工程技术，对物联网的各种信息进行海量存储与快速处理，并将处理结果实时反馈给物联网的各种“控制”部件。智能技术是为了有效地达到某种预期的目的，利用知识分析后所采用的各种方法和手段。通过在物体中植入智能系统，可以使得物体具备一定的智能性，能够主动或被动实现与用户的沟通，这也是物联网的关键技术之一。智能分析与控制技术主要包括人工智能理论、先进的人-机交互技术、智能控制技术与系统等。物联网的实质是给物体赋予智能，以实现人与物体的交互对话，甚至实现物体与物体之间的交互或对话。为了实现这样的智能性，如控制智能服务机器人完成既定任务包括运动轨迹控制、准确的定位及目标跟踪等，需要智能化的控制技术与系统。

4. 云计算

随着互联网时代信息与数据的快速增长，有大规模、海量的数据需要处理。当数据计算量超出自身IT架构的计算能力时，一般是通过加大系统硬件投入来实现系统的可扩展性。另外，由于传统并行编程模型应用的局限性，客观上还需要一种易学习、使用、部署的并行编程框架来处理海量数据。为了节省成本和实现系统的可扩放性，云计算的概念因此应运而生。

云计算（图1-33）最基本的概念是通过网络将庞大的计算处理程序自动分拆成无数个较小的子程序，再交由多部服务器所组成的庞大系统处理。通过云计算技术，网络服务提供者可以在数秒之内，处理数以千万计甚至亿计的信息，提供与超级计算机同样强大效能的网络服务。云计算作为一种能够满足海量数据处理需求的计算模型，将成为物联网发展的基石。之所以说云计算是物联网发展的基石，一是因为云计算具有超强的数据处理和存储能力，二是因物联网无处不在的信息采集活动，需要大范围的支撑平台以满足其大规模的需求。

实现云计算的关键技术是虚拟化技术。通过虚拟化技术，单个服务器可以支持多个虚拟机，运行多个操作系统，从而提高服务器的利用率。虚拟机技术的核心是Hypervisor（虚拟

机监控程序）。Hypervisor在虚拟机和底层硬件之间建立一个抽象层，它可以拦截操作系统对硬件的调用，为驻留在其上的操作系统提供虚拟的CPU和内存。

图1-33　云计算

实现云计算系统目前还面临着诸多挑战，现有云计算系统的部署相对分散，各自内部能够实现VM的自动分配、管理和容错等，云计算系统之间的交互还没有统一的标准。关于云计算系统的标准化工作还存在一系列亟待解决的问题，需要更进一步地深入研究。然而，云计算一经提出便受到了产业界和学术界的广泛关注。目前，国外已经有多个云计算的科学研究项目，比较有名的有Scientific Cloud和Open Nebula项目。产业界也在投入巨资部署各自的云计算系统，参与者主要有谷歌（Google）、IBM、微软（Microsoft）、亚马逊（Amazon）等。国内关于云计算的研究也已起步，并在计算机系统虚拟化基础理论与方法研究方面取得了阶段性成果。

思考题

1）物联网关键技术与其体系结构有没有关联？

2）查阅资料，谈一谈对“云”的理解。

项目5　物联网的应用与发展

项目概述

从目前的情况来看，物联网技术即使含有太多泡沫，期望与现实达不到完全契合，但人们依然可以寄希望于物联网能够带来更极致的生活体验。如今谈到物联网，人们不免会想到技术、标准化和服务，这也是当下热度很高的几个词。

项目目标

1）物联网有哪些主要关键技术；

2）物联网技术发展至今是否有世界统一标准；

3）了解物联网技术应用的前沿方向。

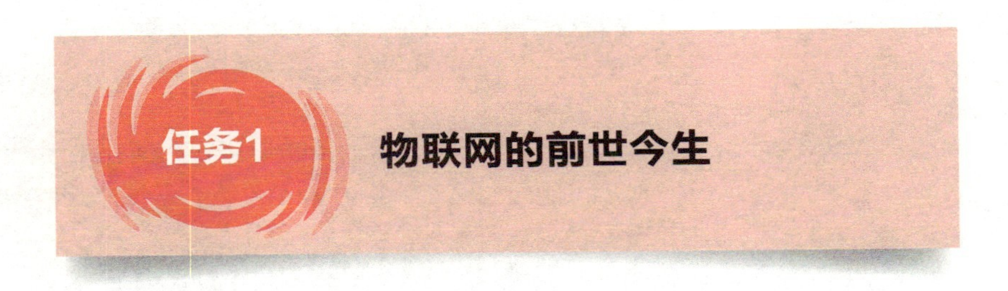

充分了解物联网的概念和功能之后，有必要把物联网系统的“身段”逐步勾勒出来。到底物联网系统的“身段”是怎样的呢？本任务需要从物联网应用系统的功能入手并结合实训室部分真实系统的呈现，去揭开其“身段”的神秘面纱。

任务实施

1. 历史溯源

物联网这个概念，在我国早在1999年就提出来了。不过，当时不叫“物联网”而叫“传感网”。中科院早在1999年就启动了传感网的研究和开发。与其他国家相比，我国的技术研发水平处于世界前列，具有同发优势和重大影响力。

2005年11月27日，在突尼斯举行的信息社会峰会上，国际电信联盟发布了《ITU互联网报告2005：物联网》，正式提出了物联网的概念。

工信部总工程师朱宏任在中国工业运行2009年夏季报告会上表示，物联网是个新概念，到现在为止还没有一个约定俗成的，大家公认的概念。他说：“总的来说，‘物联网’是指各类传感器和现有的‘互联网’相互衔接的一种新技术。”

物联网是在计算机互联网的基础上，利用RFID、无线数据通信等技术，构造一个覆盖世界上万事万物的“Internet of Things”。在这个网络中，物品（商品）能够彼此进行“交流”，而无须人的干预。其实质是利用RFID技术，通过计算机互联网实现物品（商品）的自动识别和信息的互联与共享。物联网示意图如图1-34所示。

物联网概念的问世，打破了之前的传统思维。过去的思路一直是将物理基础设施和IT基础设施分开，一方面是机场、公路、建筑物；另一方面是数据中心，个人计算机、宽带等。而在物联网时代，钢筋混凝土、电缆将与芯片、宽带整合为统一的基础设施，在此意义上，基础设施更像是一块新的地球。因此也有业内人士认为物联网与智能电网均是智慧地球的有机构成部分。

不过，也有观点认为，物联网迅速普及的可能性有多大，尚难以轻言判定。毕竟RFID早已为市场所熟知，但新大陆等拥有RFID业务的相关上市公司定期报告显示出业绩的高成长性尚未显现出来，所以物联网概念对物联网的普及速度存在着较大的分歧。但可以肯定的是，在国家大力推动工业化与信息化两化融合的大背景下，物联网会是工业乃至更多行业信息化过程中，一个比较现实的突破口。而且，RFID技术在多个领域多个行业所进行的一些闭环应用。在这些先行的成功案例中，物品的信息已经被自动采集并上网，管理效率大幅提升，有些物联网的梦想已经部分地实现了。所以，物联网的雏形就像互联网早期的形态局域网一样，虽然发挥的作用有限，但昭示着的远大前景已经不容置疑。

这几年推行的智能家居其实就是把家中的电器通过网络控制起来。可以想象，物联网发展到一定阶段，家中的电器可以和外网连接起来，通过传感器传达电器的信号。厂家在厂里就可以知道你家中电器的使用情况，也许在你之前就已经知道你家电器的故障了。

物联网的发展必然带动传感器的发展，传感器发展到一定程度，变形金刚会真的出现在人们的面前。

2009年8月7日，温家宝总理在无锡新区考察微纳传感网工程技术研发中心之后，明确提出在无锡建设“感知中国”的中心，将其打造成为中国传感网技术创新的核心区。使得无锡新区引来全球关注。“现如今的物联网就好像是20世纪刚出现的“大哥大”，大部分人只是听说，但仅几年就几乎与每一个人形影不离。”马晓东如是比喻物联网现如今天的发展阶段。

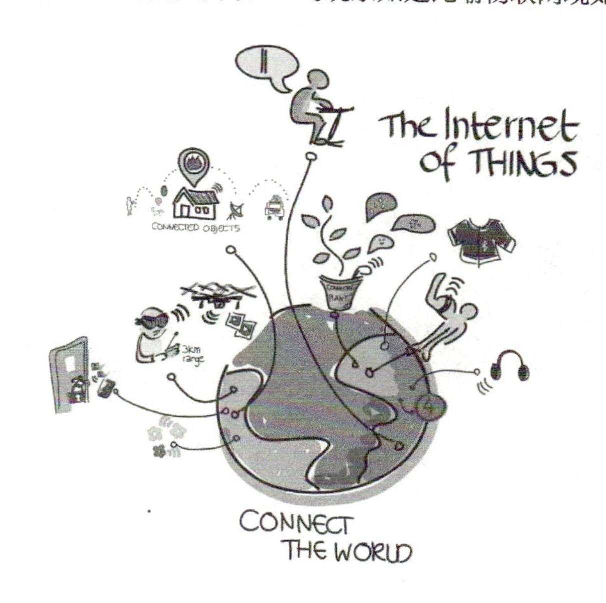

图1-34　物联网示意图

他同时说：“此技术已经不是躺在实验室里的技术，现在已进入了成熟的产业化阶段，目前，微纳传感网工程技术中心正在为上海世博会做‘防入侵微纳传感网’。”

温家宝总理视察结束后，物联网的发展已经上升到了国家战略。2009年9月11日，国家就正式成立了传感网标准化工作组，这意味着物联网的共性平台开始搭建，物联网的发展也已进入了国家速度。”

近年来，我国物联网产业的发展规模急剧扩大。对于物联网如何发展，怎样发展，专家表示，物联网的规范、标准、规划都很重要，现有的技术可以开发出许多物联网的实际应用，重要的是要扩大应用的规模，只有更多地应用到生产生活中，才能更好地发挥物联网的作用。

2. 物联网概念股

近来，在国内，一个新概念——物联网概念被炒得沸沸扬扬，一时间“物联网概念”满天飞，似乎物联网时代即将来临。在A股市场上，凡是具有“物联网概念”的股票，称之为“物联网概念股”，近来均大幅飙升。“物联网概念”成了近来A股市场上的一个热门话题。那么，什么叫“物联网概念股”呢？所谓“物联网概念股”就是具有物联网概念的股票。

物联网概念股的龙头股主要有：

1）远望谷：该公司是超高频射频识别（RFID）龙头股。公司是国内唯一一家以RFID业务为主业务的上市公司，专门从事超高频RFID研究和发展。其业务除了涵盖整个铁路射频识别产业链外，还在烟草物流、军事应用等其他超高频RFID领域取得初步成果，现拥有5大系列60多种产品。在物联网产业链中，公司属于RFID技术研究与开发的公司之一。

2）新大陆（见图1-35）：该公司是世界上少数几家拥有二维码核心技术的企业之一，设计、开发了全球首台掌上二维码识读产品，并率先在国内研发成功具有自主知识产权的二维码生成解译技术。目前，该技术已成功应用于中国移动“电子回执”项目、农业部“动物标识溯源系统”和种公牛冻精生产管理系统等项目产品远销北美、欧洲、韩国等海外市场。

图1-35　新大陆公司

3）厦门信达：该公司是自动识别芯片生产商。主营生产、销售无线射频自动识别系统、电子标签等。2008年公司生产的图书馆专用电子标签，中标厦门市图书馆RFID管理系统项目。

4）东信和平：该公司是智能卡生产商，是国内智能卡企业龙头。公司主要从事移动通信、银行、身份识别、社保、公交等各个应用领域的智能卡产品及系统解决方案的研发、生产、销售业务。拥有5条智能卡封装生产线，是国内最大移动通信智能卡产品的生产企业。

3. 应用案例

物联网的应用其实不仅是一个概念，它已经运用在很多领域，只是并没有形成大规模运用。常见的运用案例有：

1）物联网传感器已率先在上海浦东国际机场防入侵系统中得到应用。机场防入侵系统铺设了3万多个传感节点，覆盖了地面、栅栏和低空探测，可以防止人员的翻越、偷渡、恐怖袭击等攻击性入侵。而就在不久之前，上海世博会也与无锡传感网中心签下订单，购买防入侵微纳传感网1 500万元产品。

2）ZigBee路灯控制系统点亮济南园博园。ZigBee无线路灯照明节能环保技术的应用是此次园博园中的一大亮点。园区所有的功能性照明都采用了ZigBee无线技术达成的无线路灯控制。

3）智能交通系统（ITS）是以现代信息技术为核心，利用先进的通信、计算机、自动控制、传感器技术，实现对交通的实时控制与指挥管理。交通信息采集被认为是ITS的关键子系统，是发展ITS的基础，成为交通智能化的前提。无论是交通控制还是交通违章管理系统，都涉及交通动态信息的采集，交通动态信息采集也就成为交通智能化的首要任务。

知识链接

看好物联网与工业4.0应用

MCU作为一类通用电子产品，无论应用行业如何变化发展，总能保持坚挺。特别是人类正在进入智能社会，必然是由互联互通、精确可控、安全节能的终端所构成的，MCU正是实现这些功能的核心器件。就应用来看，物联网与工业4.0成为当前最被业界看好的两个新兴市场。

对此，黄日安指出："在物联网和智能工业的推动下，对MCU市场的增长十分看好。特别是《中国制造2025》发展规划发布后，其根本的意义在于使中国从制造大国变成制造强国。智能工业是将具有环境感知能力的各类终端、基于泛在技术的计算模式、移动通信等不断融入工业生产的各个环节中，大幅提高制造效率，改善产品质量，降低产品成本和资源消耗，将传统工业提升到智能化的新阶段。《物联网"十二五"发展规划》中将智能工业应用示范工程归纳为：生产过程控制、生产环境监测、制造供应链跟踪、产品全生命周期监测，促进安全生产和节能减排。MCU在智能制造中可以发挥这些作用，感测、监控、传输，进而提高制造效率与安全等。"

第四次工业革命：机器在思考

"工业4.0"已经成为制造业的一个流行概念。这个词起源于几年前的德国汉诺威工业博览会（Hannover Messe），它被定义为制造业的电子计算机化，包括更高层次的互联性、更智能的设备和机器与设备之间的通信。

第一次工业革命是水和蒸气动力带来的机械化。第二次工业革命是电力的使用使大规模生产成为可能。第三次工业革命是电子工程和IT技术的采用，以及它们带来的生产自动化。

"互联网+制造"就是工业4.0。"工业4.0"是德国推出的概念，美国称为"工业互联网"，我国称为"中国制造2025"，这三者本质内容是一致的，都指向一个核心，就是智能制造（见图1-36）。

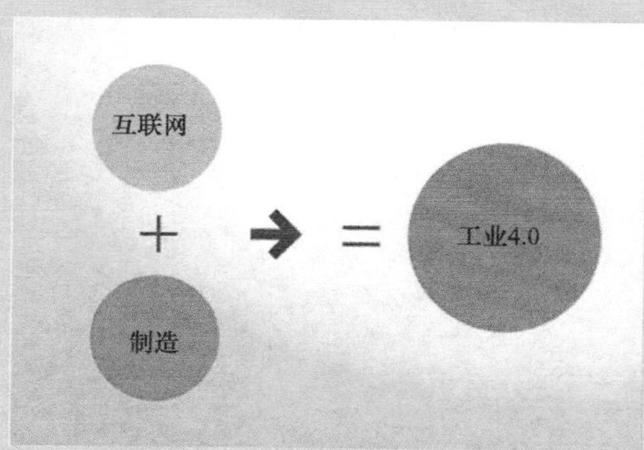

图1-36　工业4.0示意

2015年中国有几个概念非常火，第一是大众创业、万众创新，第二就是工业4.0，第三个就是"互联网+"。"互联网+"是一个巨大无比的概念。"互联网+"里面有"互联网+金融"，叫作'互联网金融'"互联网+零售"就是互联网电子商务，而"互联网+制造"就是工业4.0。它将推动中国制造向中国创造转型。

工业4.0的特点如图1-37所示。

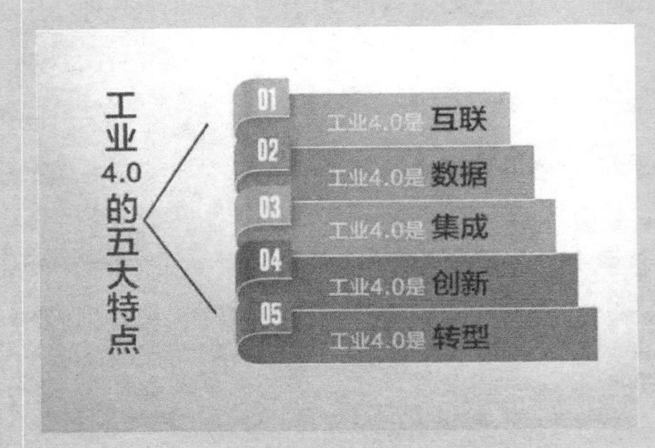

图1-37　工业4.0的五大特点

未来哪类公司最有前景？

结合中国工业现状来看，微信公众号“工业智能化”认为未来十年，中国工业4.0领域将有充足发展的三类公司是：

第一类是智能工厂，分为两种：第一种是传统的工厂转型成智能工厂，第二种是一出生就是智能工厂。

第二类是解决方案公司，为制造业公司提供智能工厂顶层设计、转型路径图、软硬件一体化实施的工业4.0解决方案公司。

第三类是技术供应商，包括工业物联网、工业网络安全、工业大数据、云计算平台、MES系统，除这三类以外，虚拟现实、人工智能、知识工作自动化等技术供应商也会面临巨大的发展前景。

在未来的工业4.0时代，软件重要还是硬件重要，这个答案非常简单：软件决定一切，软件定义机器。所有的工厂都是软件企业，都是数据企业，所有工业软件在工业4.0时代都是至关重要的，所以说软件定义一切（见图1-38）。

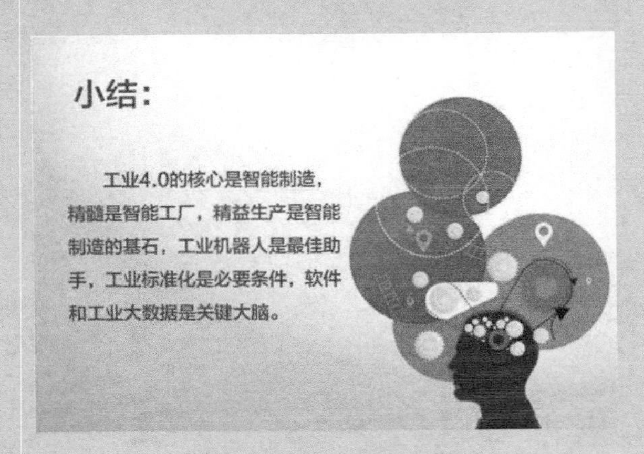

图1-38　工业4.0小结

工业4.0时代刚开始，但给了我们大概的方向，未来企业会变成数据的企业、创新的企业、集成的企业、不断快速变化的企业。对于整个制造业来说，这是一个巨大的颠覆，称之为工业革命是毫不为过的（见图1-39）。

工业4.0的本质是
全球新工业革命的标准之争。

图1-39　工业4.0的本质

思考题

1）中国“物联网研究中心”在哪个城市？

2）谁提出的“感知中国”理论？

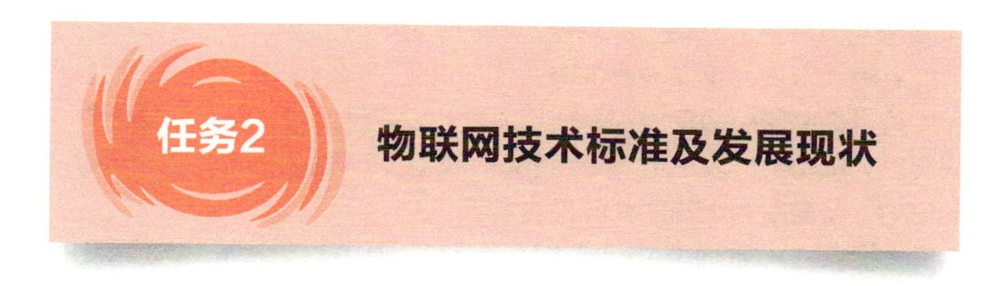

本任务主要采用浏览的方式进行梳理和学习。

任务实施

1. 我国牵头制订物联网国际标准，行业进入快速发展期

2014年9月4日，从国家标准化委员会和国家物联网基础标准工作组获知，9月3日，经33个成员国投票表决，国际标准组织ISO/IEC JTC1已正式通过了由中国技术专家牵头提交的物联网参考架构国际标准项目。这是在全球新兴热门技术领域，首次由中国牵头主导的顶层架构标准，表明中国正式掌握了物联网这一热门新兴领域的国际最高话语权。

目前，物联网在全球呈现快速发展趋势，欧、美、日、韩等国家和地区均将物联网作为重要战略新兴产业推进，但在繁荣景象背后却仍存在着众多阻碍发展的因素。其中核心标准的缺失，尤其是作为顶层设计的物联网参考架构等基础标准目前仍处于空白，基于争夺物联网产业主导权，各国对国际标准方面的竞争也日趋白热化。

据该项目牵头单位无锡物联网产业研究院院长、国家973物联网首席科学家刘海涛介绍，近几年来，国内物联网产业如火如荼，已在公共安全、交通、环护、医疗、家居等众多领域初步应用。相关数据显示，2013年中国物联网市场规模近5 000亿元，预计至2020年将达到5

万亿元。但目前仍存在标准不统一、产业分工混乱等问题，物联网参考架构国际标准的制定，将着重借鉴中国既有实践经验，与其他国家联合，共同解决物联网统一标准问题，必将对促进我国及全球物联网产业的快速、健康发展具有重要意义。

2. 如何发展行业标准

我国已经充分认识到市场的原生活力，任何时候市场在资源配置中都应该占据主导作用。当初在美国刚开始实施“信息高速公路（即现在的互联网）”国家战略时一个最重要的主导思想就是自主选择，自由发展，通过充分的市场竞争自动形成各种标准，比如微软形成了全球的软件开发标准，谷歌形成了全球的搜索标准，这些标准并没有一个强制的规范，但没有人能够否认它们是事实上的行业标准，这就是软实力的体现，这也正是市场的力量。我们现在也很难想象在各种标准加身的情况下能产生谷歌、苹果这样伟大的公司。

在我国，特别需要警惕传统的既得利益集团假借市场需求制定事实上限制行业健康发展的所谓标准，如何识别各种不利于市场发展的陷阱标准需要考验行业主管部门的判断力和眼光，需要行业主管领导肯学、勤学、能学，否则将严重削弱我国未来的核心竞争力。最近出现的推动所谓各种物联网行业应用标准制定的动向值得关注，我们相信行业主管部门不再轻易被狭隘的利益集团所挟持和左右。

3. 我国物联网产业进入快速发展期

物联网，被称为继计算机、互联网之后世界信息产业发展的第三次浪潮，已经成为世界各国抢占未来科技制高点的重要领域。2016年，物联网迈向2.0时代，全球生态系统将加速构建。在我国，已将物联网作为重点产业打造，“十三五”规划中明确提出“要积极推进云计算和物联网发展，推进物联网感知设施规划布局，发展物联网开环应用”。随着物联网应用示范项目的大力开展，“中国制造2025”“互联网+”等国家战略的推进，以及云计算、大数据等技术和市场的驱动，将激发我国物联网市场的需求。

2014年我国物联网产业规模突破6 200亿元，同比增长24%，2015年市场规模达到7 500亿元，同比增长21%。中国物联网研究发展中心预计，到2020年我国物联网产业规模将达到2万亿元，未来5年复合增速22%。相比之下，2015年，我国电信业务收入完成1.13万亿元，同比增长仅0.8%，可以预期的是，未来物联网产业规模将达到目前电信产业规模的两倍以上，孕育的产业链机会巨大。

从宏观层面来看，新型工业化、信息化、城镇化、农业现代化，以及现代服务业发展等将为中国物联网的快速发展提供广阔的市场空间。据了解，当前仅交通、物流、环保、医疗保健、电网、安防等领域物联网应用的市场规模就已近千亿元。

分析人士指出，物联网将在智慧物流、移动商务、食品溯源、智慧家居、智慧城市管理等领域广泛应用，这些领域建设将带动IC卡、RFID电子标签、NFC智能手机、移动POS机、软件平台等的相关发展。

据了解，工信部、发改委等部委已经设立了物联网关键技术研发及产业化、信息安全专项，涉及投资超过百亿元。物联网应用示范将是今年专项补贴的重点，特别是在地理信息、智慧城市、交通等领域的交叉应用示范。

在2014宽带通信及物联网高层论坛上，工信部电信研究院再次发布了新的物联网白皮书，工信部电信研究院通信标准研究所副总工程师党梅梅对这份白皮书进行了详细的解读。

自2009年国家提出发展物联网之后，工信部电信研究院在2011年5月发布了第一本白皮书，当时研究院做了基础的重点梳理工作。2012年5月，工信部电信研究院完成了新版的物

联网白皮书，经过三年的发展已经有了明显的变化，并从四大模块进行了分析：第一，对全球物联网发展状况进行了解读；第二，对我国物联网发展现状和特点进行了归纳；第三，提出物联网未来发展的重点方向和机遇；第四，是对我们国家物联网发展的思考和建议。

4. 全球物联网发展状况

从全球范围来看，在战略层面，发达国家擅于把握物联网发展的契机。可以看到美国和德国这些国家，主要从工业角度重塑制造业优势，提出了一些相关的发展战略，像美国早年提出的智慧地球理念。近几年的制造业伙伴战略计划，德国的工业4.0理念，都是借助物联网重构生产体系，形成产业革命的好例子。欧盟、韩国以及其他国家，主要从政府层面布局研发项目，在欧盟FPC中设立着一系列的研发项目，2014年5月，韩国则成立了互联网创新中心（见图1-40）。

图1-40　物联网示意图

从应用层面来看，物联网应用稳步发展，市场化机制正在逐步形成，其可归纳为三个方面：M2M已经率先形成完整产业链，到2013年年底，全球的M2M数已经达到1.95亿，全球已经有428家移动运营商提供了M2M服务，是所有产业，所有应用里面，产业链最完备，标准化程度最高的应用；然后，车联网是市场化潜力最大的应用之一，很多国家制定了自己的政策，如美国在未来希望低端车型全部实现联网；最后，全球的智能电网应用进入发展高峰。

从技术层面来看，IT化和语义化是整个技术标准的热点，在互联网发展的初期，整个发展的态势还看不大清楚，随着这几年的发展可以看到，整个技术的体系已经引入了很多互联网的元素，IP化、Web化和语义化的趋势非常明显，整个技术特征可归纳为六个方面：①物联网体系架构依然是国际关注和推进的重点；②感知层短距离通信技术共存发展的一种态势；③无线传感网IP化步伐加快，这其实是对IP化在感知层面的一种应用；④物联网语义从传感网本题定义向网络服务、资源本题延伸；⑤物联网与移动互联网在终端、网络、平台及架构上融合发展；⑥全球物联网标准化稳步推进发展。

从产业层面来看，物联网产业加速发展，物联网环节部分实现突破。从产业链环节可以看出，很多厂商推出了针对物联网的专用芯片，或者针对物联网的特定的应用场景进行优化。另外，物联泛终端不断演化，支持物联能力的终端越来越多，在终端层面，速度是发展最快的。开源硬件和开放平台催生了物联网设备开发新模式。开源硬件平台已经对整个硬件层面的设计产生了比较深远的影响，通过开源硬件的平台，极大地缩短了物联网产品的研发周期，以前的开发非常难，现在通过开放的电路板和原理图就可以开发出新的终端。另外，开放的这种平台，还有开源硬件的配合也简化了整体的部署。可以看到，开源的理念加速塑造了C2B的硬件的生产模式。

从产业的另外一个国际趋势来看，很多企业都瞄准物联网的增长机遇，开始实现结盟圈地的运动。电信研究院在白皮书中归纳了很多目前比较受关注的联盟，2014年3月，AT&T、思科、通用电气等成立工业互联网联盟。另外，产业界的收购、并购也是非常火，谷歌收购了Nest，全面进军智能家居领域，IT企业也纷纷布局车联网的领域，国内的IT企业也是统统布局车联网，国际上大的产业巨头都瞄准了整个物联网发展未来的机遇，跨界合作，构建开放的生态系统（见图1-41）。

图1-41　物联网示意图1

5. 我国物联网发展现状

首先，政策日趋完善。我国物联网从2009年发展以来，从2012年开始加大顶层设计的力度，2012年8月，以物联网专家委员会成立为标志，这两年政府层面推动了很多顶层设计的工作：首先是以物联网指导意见为标志的2013年2月国务院7号文发布，对整个物联网的发展起到了推动作用；然后是整个国际联席会议成员的扩大，包括2014年9月印发的10个物联网发展专项行动计划，从多方面推动了物联网发展；此外，像发改委开展的国家物联网终端应用示范工程区域试点，工信部、财政部则继续推动物联网发展专项资金的工作。

另外，应用发展进入到实质性的推进阶段。白皮书列出了很多应用领域的例子，涉及工业领域、农业领域，交通、M2M、智能电网等方方面面。但同时我们也看到，现在的应用还处于起步阶段，欣喜的是推进速度比起以前可以说是有目共睹。同时，智慧城市的建设为很多新一代信息技术产业的应用提供了重要载体，物联网、云计算、大数据的应用在建设当中都可以找到。我国智慧城市的数量也在不断增长，已经超过300个。

从技术方面来看，我国积极推进物联网自主技术标准和共性基础能力的研究。物联网架构对整个物联网发展非常重要，国内也一直试图在物联网架构设计上能有国内自主创新的东西。

在架构研究上业界达成了统一的共识，就是物联网的发展会借鉴互联网开放的理念，包括它的运营的体系系统，及IP系统。所以，也从可扩展性、泛技术性、服务保障性等方面进行了需求的归纳。我国的技术创新主要体现在一些传感器技术上的突破，包括RFID上的创新以及面向工业控制的WIA　PA标准。我国是ITU和ISO对应工作组主导国之一，在M2M国际标准化组织中我们也有很多领导职位。

从产业方面来看，我国物联网产业体系相对完善，局部领域获得突破，整体领域保持较快增长。2013年年底，我国正比产业规模达到5 000亿元，在制造这个环节，获得了局部的突破，像RFID技术，以及工业芯片等方面都取得较大的突破。在物联网服务方面，M2M是整个产业的亮点。另外，我国已经形成四大发展集聚区的空间格局。但是，相对国际来讲，我们仍然处于弱势地位。

6. 物联网未来发展的重点方向和机遇

对于全球物联网未来发展的重点机遇判断，电信研究院从六个方面进行了归纳（见图1-42）：

图1-42　物联网示意图2

第一，M2M车联网市场是最具内生动力和商业化更加成熟的两个领域。M2M将持续保持高速的增长，根据国际上的预测，预计到2020年通过蜂窝移动通信连接的M2M的终端将达到21亿，实际上未来整体的M2M连接市场非常多，我国国内的M2M市场也将保持持续的快速增长。另外，车联网应用正在逐步提速，首先汽车本身以20%的速度持续快速增长，车联网市场一直处在高速增长的态势。很多人都在预测，汽车有可能是下一个获得大规模暴涨的终端产品，未来汽车的应用也会越来越广泛。

第二，物联网在未来整个工业方面的应用，将推动工业整个转型升级和新产业革命的发展。物联网与工业的融合将带来全新的增长机遇，新的产业组织方式，新的企业与用户关系，新的服务模式和新的业态，这些方面物联网发挥了非常重要的作用。很多新的制造是基于用户定制的制造，用户选择，人们需要什么样的产品，工厂再去进行制造。所以，整体对整个工业的革命性的变化将是非常大的。另外，工业物联网统一标准将成为大势所趋，整体来看，很多国际上的巨头为了在工业物联网领域能够获得比较领先的地位，纷纷确定相关的标准，尤其是像TE这样的公司以及国际上其他的一些IT公司，它们都纷纷加入整个IT标准的制定工作。另外，物联网推动化融合将继续走向深入。

第三，物联网与移动互联网融合方向最具市场潜力，创新空间最大，这也是我们对整体未来发展的一种判断。传统的物联网应用更多的是面向行业的应用，未来和移动互联网的融合，将激发更多的创新能力。首先是移动智能终端传感器和形成的人机交互技术，这种集成就会让未来能够支撑更多的融合类应用。另外，物联网借鉴移动互联网的方式，这种模式，开始从行业领域向个人领域渗透，很多应用开始出现，用户的应用都是基于最终对物体实际信息的采集，是融合的应用，不是传统的移动互联网的应用。物联网和移动互联网融合将形成更为突出的马太效应，将形成非常融合的生态系统，也会通过大的移动互联网企业对整个开放平台进行构建，未来有很大的市场潜力。

第四，行业应用仍将持续稳步发展，蕴含巨大空间。物联网的深度应用将进一步催生行业的变革，这种变革在行业的很多领域已经开始发生，尤其对管理层面来说是一种革命，整个行业也向着更加公平、开放的方向发展。

第五，对物联网和大数据的融合判断。物联网产生大数据，大数据带动物联网的价值提升，物联网是大数据产生的源泉，越来越多的终端采集越来越多的数据，也提供大数据的平台进行进一步的分析。大数据使物联网从现有的感知走向决策，因为现在物联网更多的是信息采集上来，到了后台，也没有产生效果，或者它本身还是处于决策非常弱的这样一个环节。所以，未来说物联网和大数据的结合，将推动整体价值的提升。物联网的数据特性和其他现有的一些特性不太一样，因为物联网面向的终端类型非常多样。因此，这种多样的特性其实是对大数据也提出了新的挑战。

第六，物联网在智慧城市建设中的推广和应用将更加深化。智慧城市本身为物联网的应用提供了巨大的载体，在这种载体中，物联网可以集成一些应用，在城市的信息化管理、民生等方面都可以发挥融合的应用效果，真正发挥物联网的行业应用特征，然后产生深远的影响。

小贴士

2016年是我国“十三五”的开局之年，政府工作报告中提出，在“十三五”期间要促进大数据、云计算、物联网的广泛应用。业界预测，物联网将是互联网之后的下一个风口。

从2016年4月召开的“中国物联网产业十三五加速发展高峰论坛”上获悉，过去五年，物联网产业从雏形走向了成熟期，特别是国际巨头纷纷布局物联网，从不同角度进行产业布局。面对国内外的竞争，中关村物联网产业联盟作为中国第一家物联网产业的专项社会组织，联盟提出了以“中关村物联网产业十三五加速路线图”为核心的战略布局，并通过资本助力，在“十三五”期间陆续实施“10×10”计划，争取5年内在物联网10大产业方向上实现2 000亿元产值。

中关村物联网产业联盟秘书长张建宁表示，联盟将积极探索“技术创新+商业模式创新+金融资本创新”，推进物联网产业发展。

思考题

1）谈一谈物联网技术应用领域有哪些？

2）谈一谈物联网的发展历程。

项目总结

放眼世界物联网，至今没有全球统一的标准，这是下一步急需解决的问题。物联网从提出至今十年有余，其发展历程需要简单梳理。

下一步学习建议：

1）参阅“智慧城市展”相关前沿信息；

2）对物联网行业应用需要进一步拓展；

3）留心观察生活，发现“物联网”系统。

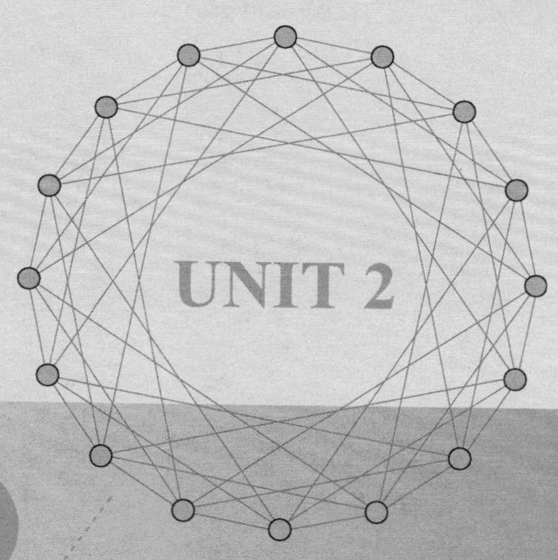

学习单元2

感知层——物联网的“皮肤”和“五官”

单元概述

本单元是学生在初步了解了物联网的基础上，进入物联网的感官世界（就好比人的五官和皮肤），感受继计算机与互联网后的第三次信息产业浪潮的核心技术，了解物联网如何信号采集从而获取信息。由于传感技术涉及面宽泛，本单元不对传感原理技术进行详细讲述，而是基于物联网的感知层理论结合实践，以形象易懂的语言来阐述目前主流的几类感知与识别方式。

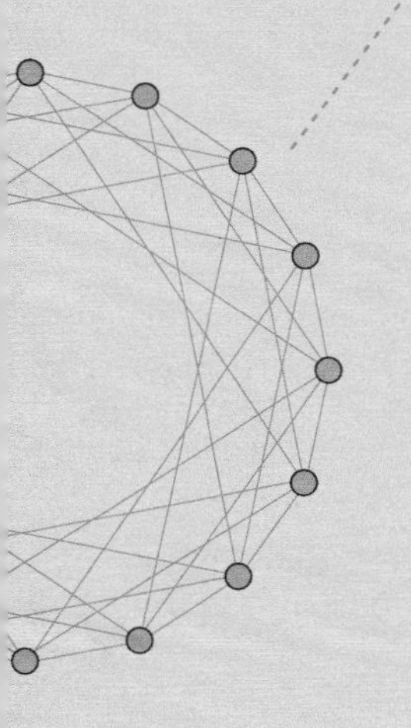

学习目标

1）理解RFID技术原理并学会简单应用；

2）体验身边的传感器，掌握常用传感器的原理及使用方法；

3）初步了解红外感应技术；

4）学会使用手机扫二维码，简单了解扫码原理及编码方式；

5）通过学习使用手机定位理解GPS定位技术。

项目1 射频识别（RFID）——物联网的“第二代身份证”

项目概述

RFID（Radio Frequency Identification，无线电频率识别）即射频识别，通常称为电子标签。它是一种非接触式的自动识别技术，是一种通信技术，可通过无线电信号识别并读写其数据，可同时识别多个标签，为各种物品建立特定的身份标识，是目前物联网发展的重要技术。

项目目标

1）了解RFID的定义及结构；
2）学会分析RFID的工作原理；
3）能够掌握RFID的实际应用。

任务1 揭开射频识别系统的“面纱”

学习了单元一走进物联网后，我们已了解“物联网”的整个框架。与物联网有了亲密接触后，相信大家都对这个“大孩子”产生了浓厚的兴趣，但遇到了许多新名词、新概念、新技术，闻所未闻的同时也有了许多疑惑，那么本任务是进入物联网技术的第一把“钥匙”，首先从物联网的“第二代身份证”——RFID入手，揭开其神秘“面纱”。

任务实施

问题：什么是RFID?

步骤一：观察条形码和RFID，通过对比其不同点并填写表格

学生每5人一组，观察2个系统，填写表2-1，并派代表发言、交流两项技术的功能特点。

表2-1　对比条形码和RFID

技术 特点区别	条　形　码	RFID
1外观	6 901020 709017	RFID
2		
3		
4		
5		
⋮		

步骤二：直观解读RFID

通过表2-1的对比，可知，RFID就是更高级的条形码。作为物联网技术引入的条形码其实可以说是标识物体的“第一代身份证”，那么RFID就是“第二代身份证”。

下面，我们来直观理解RFID究竟是什么？当我们在超市买东西到收银台付款时（见图2-1），收银员都要扫一下物品上的条形码进行结账。条形码是由一行排列整齐的长方条、数字字母及不同的间隙大小组合而成的，一般用作标识商品名称等信息。

网购“双十一”活动时，商家要清点同一批次商品几十万甚至上百万次，如果仍使用常规的条形码，就需要一个货物一个货物地清点扫描，费时费力。如果使用了RFID，可以很多货物同时清点，因为其采用无线电射频，透过物质材料可以长距离读取数据，而人们日常使用的条形码则是通过激光近距离来读取物品信息。

图2-1　超市买商品

上述案例是RFID最简单的案例，那么一个复杂的RFID，可以在其读写芯片中存储大量的信息。例如养猪场（见图2-2），从崽猪送入到销售的过程中就贴一张RFID标签，可以记录几月几日，称重多少，好比它的成长档案，并且还能详细记录从物流到分销商环节的信息，就像在网上查询快递单号一样，每个时间段都会显示快递的到达点。

图2-2　猪的身份

有人做了一个很直接但又形象的比喻：没有RFID存在的物联网技术将是残缺的、不完整的。

综上所述，RFID是具有感应功能的一种器件，那么，RFID和传感器究竟有关系吗？　其实传感器的范围非常广泛，几乎囊括了建筑、机械、电子、纺织等领域，既然RFID具有传递感应的能力，因此可以说它也是传感器的一种。传感器一般是记录温度、长度、声音、光度等物理量，将其转换为电信号进行转换识别，但RFID可不是记录这些物理量的。

虽然RFID技术在国内也有十载，作为非接触模式在读取物品信息时会受到包装、漏装、误装、距离等因素的影响，自然在可靠性方面有着些许欠缺，更为可靠地读取信号，减少遗漏和误差，这些都是亟待解决的问题。经济因素也是制约RFID发展的瓶颈，RFID的技术优势虽然非常明显，但是在生产及技术升级方面没能有效进入市场，因此在价格及管理上还存在很多制约因素，所以大量的投入生产的目的是降低价格，尤其近两年智慧城市的飞速发展，物联网技术逐渐普及到平常百姓家。新闻爆料事件层出不穷：店主销售假奢侈品、品牌服装受到假货冲击等，这让如何判别产品的真伪一时间成为公众关注的热点。如果安装RFID技术就能够进行防伪辨伪。例如，学生进出校门时，如果随身携带RFID芯片，进行读写后，校园信息化平台可以及时将进出校园的信息发送至家长手机，这就是射频识别进入生活的前景。未来，RFID技术的推广，会使我们的生活更加便捷（见图2-3）。

图2-3　品牌使用RFID技术

任务2 RFID系统的构成及工作原理

RFID的结构究竟如何？工作原理又是什么？

任务实施

（1）连连看：将图2-4对应文字名称与图片连接

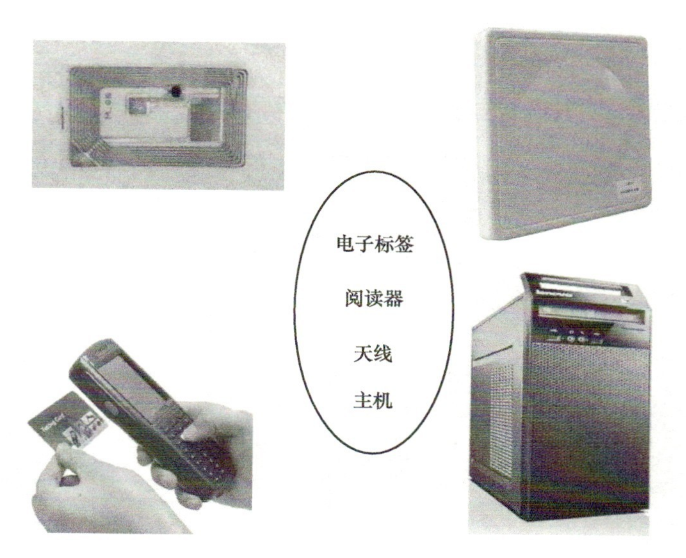

图2-4　RFID的结构

（2）解读名词

RFID传输过程如图2-5所示。

Tag—标签：由电偶及芯片组成，每个RFID标签均有唯一标识码，植入物体可对预先设置好的物品信息进行读识，俗称电子标签。

Reader—读写器：具有读取写入电子标签信息功能的器件设备。

Antenna—天线：与手机射频装置原理相同，在电子标签和阅读器间传递信号。

Host—主机：通过电脑进行数据查看、编辑、存储等操作。

图2-5　RFID传输过程

（3）课前准备

备一套可拆装的电子标签、读写器、天线，制作简易课件用于演示其工作原理，学生可进行器件实物观察，帮助学生理解器件结构和工作原理。

步骤一：观察外观及内部，直观了解其结构组成

观察老师下发的RFID透视实物（见图2-6），通过外观分析其构成。

图2-6 RFID透视实物

步骤二：找一找，寻找关键字，对RFID进行分类

按照能源的供给方式对RFID进行分类，如图2-7所示。

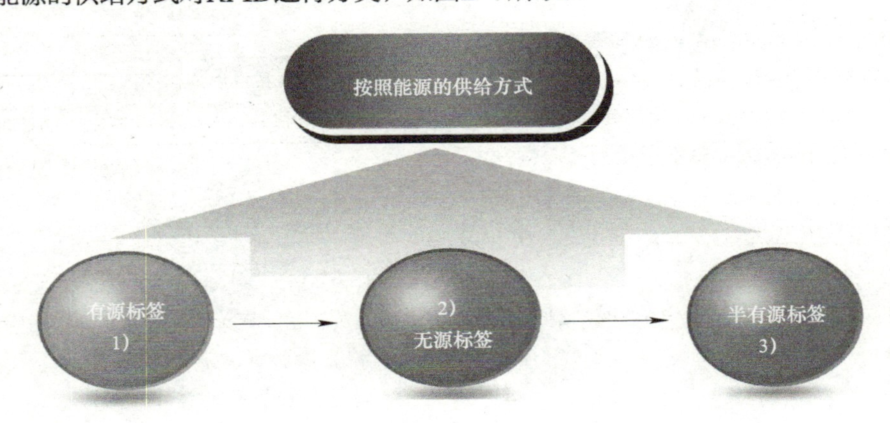

图2-7 按照能源的供给方式对RFID进行分类

1）标签的工作电源完全由内部电池供给，同时标签电池也为标签的无线发射和接收装置供电。

2）无工作电源及电池，读写距离近，价格低。没有内部电池，当标签在阅读器范围外，处于无源状态，当在读取范围之内时，标签可从阅读器发出的射频信号中提取工作所需电源能量。

3）无须接入电源，仅使用纽扣电池对芯片运行提供保障，通过阅读器发射信号获取对应能量，是一种被动接收信号的方式。

按标签工作频率对RFID进行分类，如图2-8所示。

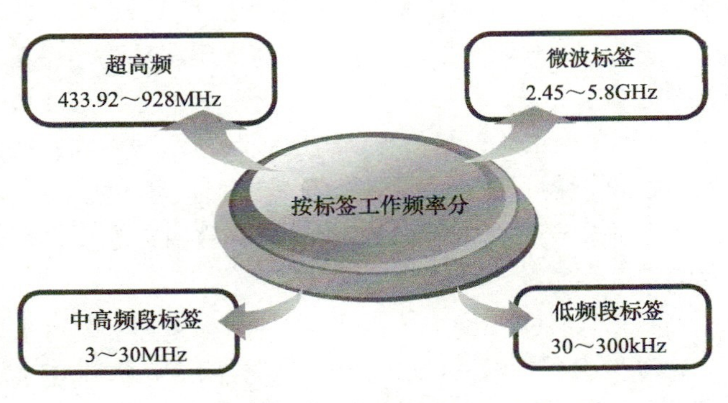

图2-8 按标签工作频率对RFID进行分类

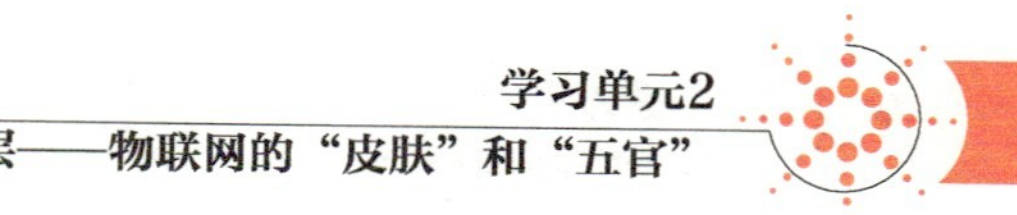

步骤三：看图2-9识读RFID的工作原理

通过对图2-9的识读，相信同学们都能理解RFID的工作原理：

每个RFID芯片和身份证一样只有唯一的编码标识；为某一物体贴上RFID标签后，首先在系统服务端中建立相关信息，当用户使用RFID阅读器对物品上的标签进行操作时，阅读器天线向标签发出射频信号，标签中的RFID编码信息被传输回阅读器，阅读器再与系统服务器进行对话，根据编码反馈（译码）可查询该物品的描述信息，这即是与标签互传信息（对话通信）的过程。

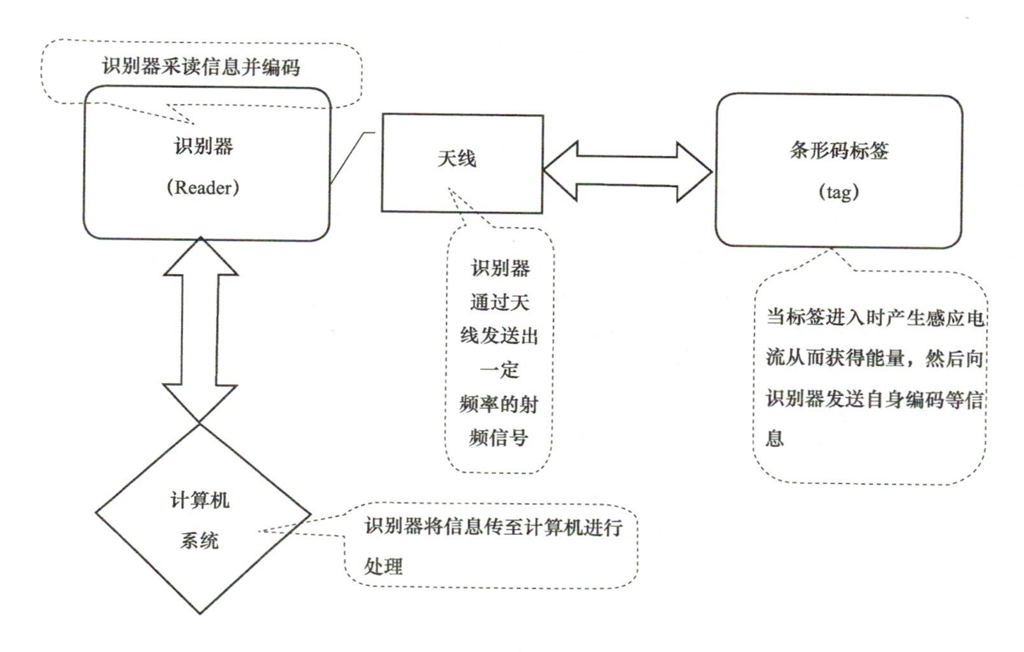

图2-9　RFID的工作原理

通过RFID典型应用案例，直观认识并初步理解RFID为人们生产生活带来的便利。

任务实施

结合图2-10中所示的RFID典型应用，进行小组讨论，学生代表回答各应用的原理。

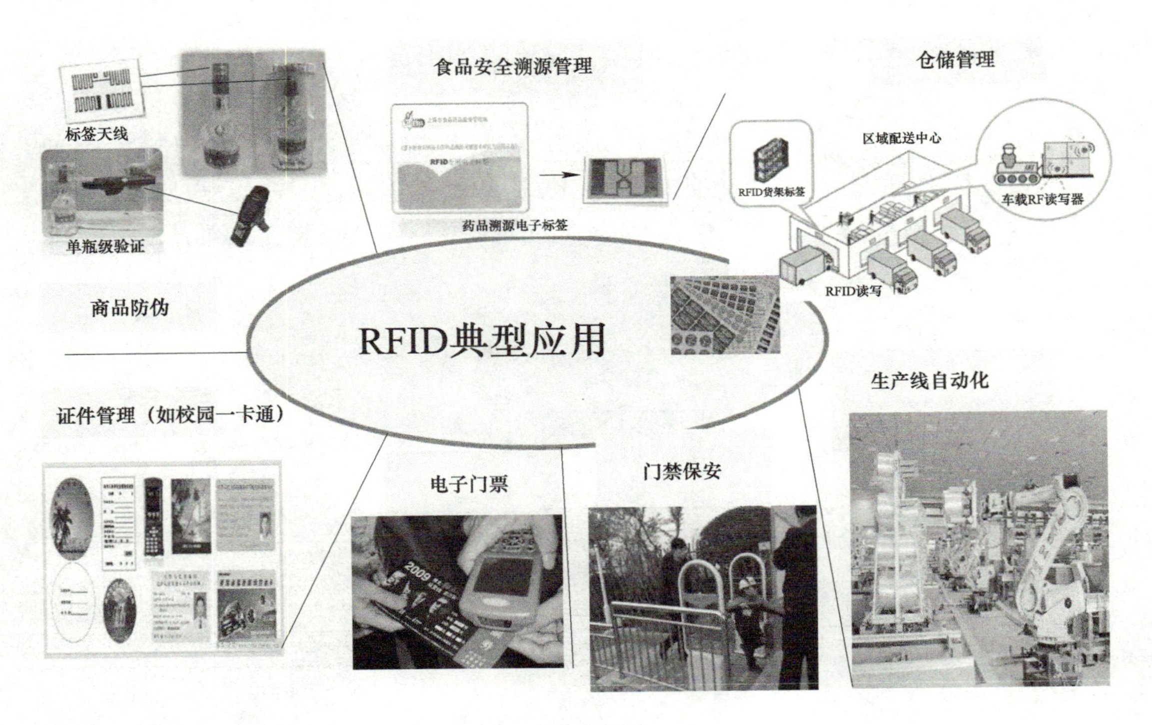

图2-10　RFID典型应用

学生代表讲述应用流程可参考图2-11。

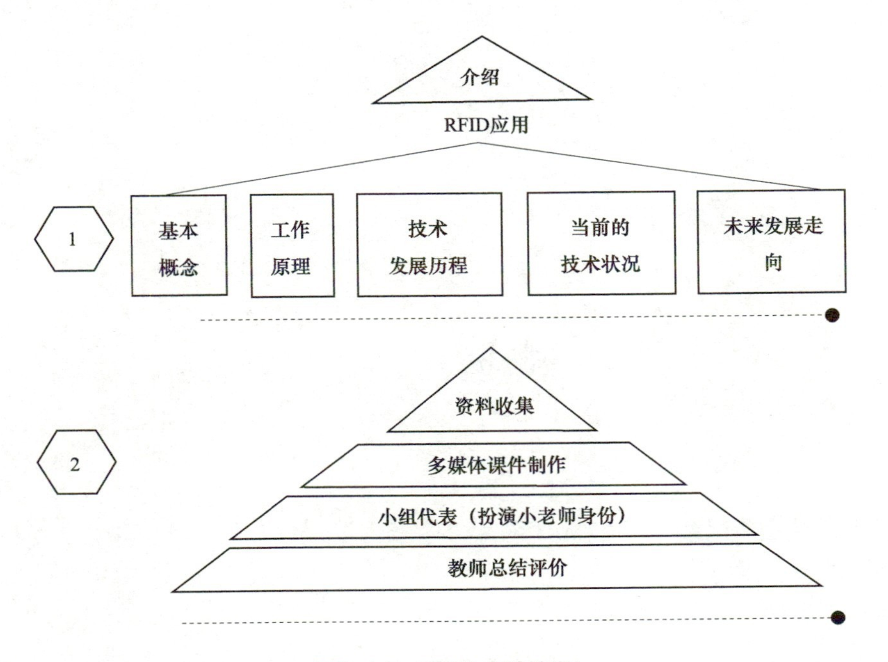

图2-11　RFID表述流程

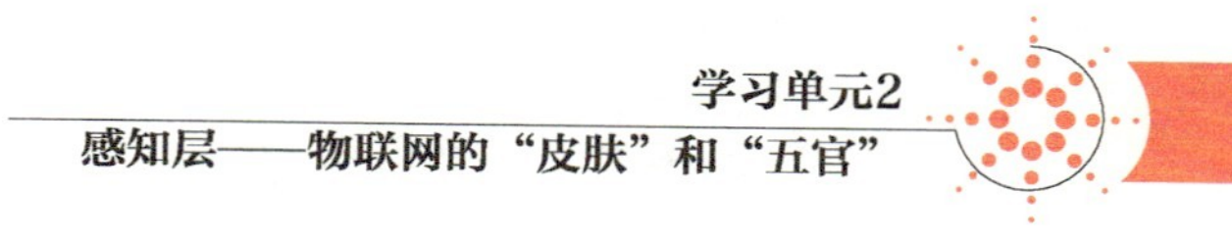

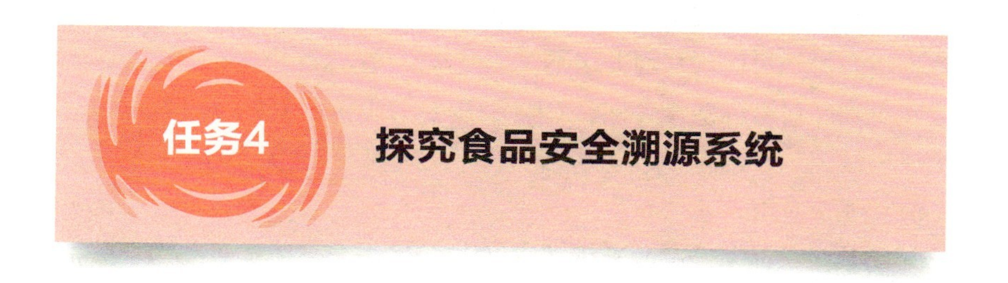

任务4 探究食品安全溯源系统

食品安全问题一直是围绕在我们生活中的重要问题，食品安全溯源系统，对食品生产、销售、使用全流程跟踪和可追溯监督管理，针对问题食品出现便可进行快速可控制地召回；通过电子标签实现了低成本安全认证方式，食品安全防伪得到了进一步加强。

任务实施

步骤一：食品安全溯源的前世今生

2000年欧盟发布的食品安全白皮书奠定了食品安全溯源的发展基础，一年后日本试行并推广了农产品与动物食品追溯系统，2003年美国农业部建立家畜追溯系统，2005年欧盟EC178/2002正式生效，自此全世界范围内食品安全溯源得到了广泛的推广与应用。溯源的含义就是通过记录的标识对物体的历史信息进行追踪记忆，下面，来解析食品安全相关知识。

食品安全问题是人们关注的一个重要话题之一，它不仅关系到每个人的身体健康与生命安全，同时关系到国家经济发展和社会稳定等重要因素，无论是社会乃至个人都非常地关注和重视。但是近些年，食品安全问题日益突出，例如20世纪90年代英国疯牛病、肯德基苏丹红、三鹿奶粉、H7N9禽流感爆发和蔓延等问题。

究其原因，其中会遇到许多形形色色的问题，无论生产过程、物流信息、检验质检信息均是由不同人员完成，任一环节操作失误都会给整个链路造成影响，因此要求每个环节都要实施唯一有效鉴别的信息指标，实现整个流程信息的监控与管理，让每一个接触到这些食品的受众群体都信任他们的食品是安全无害的。

一旦食物有了问题，就会对人们的健康和生命安全造成直接危害，而且也会使制造商遭受重大损失，不只品牌形象，甚至经营都将失败。如果我们能将食品原料加工过程建成可追溯系统，一旦上市食品产生问题，食品制造商可以迅速查找出原因，即可以对可恢复的问题食品快速纠正，对不需要恢复的产品销毁处理，这样大大降低了因为问题食品引发的一系列问题，因此食品溯源的引入显得至关重要。

二维条码与一般的一维条码的差别是可以写入大量的信息，容易对信息进行快速编辑与便捷管理，如果发生食品质量问题，则可以立即确认食品生产过程中的详细信息，为什么会产生食品问题？食品问题对本次产品的影响？如何处理本次食品问题？以便及时发出食品召回，减少经济损失，将声誉损失降到最低。

随着人们食品安全意识逐步提高，人们对食品安全的要求也越来越高。为确保粮食生产安全，为消费者提供真实，可靠的食品信息，自动识别技术即RFID在食品安全领域的运用已经是大势所趋，近些年来自动识别技术已经开始试点应用在食品供应链安全，并取得了很大的成功，使得它的作用变得无可替代，因为这不仅加强国家食品监管，同时遵循食品安全追溯的基本原则。保证实现食品可追溯至食品种植养殖、生产、加工、包装、运输、批发和零售业，有效地监控整个过程链。

步骤二：食品安全溯源需求知多少

下面先来了解几个食品安全溯源系统涉众分析名词：

1）农委会：对系统管理和监控食品安全链，以及行业的安全生产监督管理者。

2）原料提供商：食品原材料的提供者，在本系统中无操作。

3）厂家：操作食品分发系统，数据录入的作用，将原料处理成销售货品。

4）分销商：食品制造商（厂家）与商场的纽带，负责货物的运输。

5）商场：将食品销售给消费者，在本系统中无操作。

6）消费者：食品使用人群，在本系统中主要负责溯源查询及商品真伪查询。

7）通信运营商：负责本系统的网络架设设置（包括Web服务器、数据采集设备、消费类移动互联网）。

在了解了食品安全的涉众分析后，演示五大系统的操作过程，具体可结合学校实验环境开展实训教学。产业与学科的对应关系请在图2-12中进行连线对应。

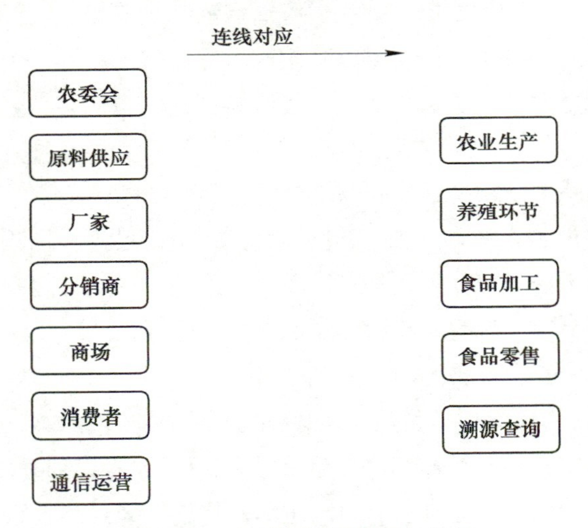

图2-12　产业与学科的对应关系

步骤三：食品安全溯源系统设计基础

首先，介绍几种新概念。

1）Web平台主要功能：收集信息和数据记录设备的查询，系统配置管理，追踪代码/安全代码的应用程序。

2）数据采集设备主要功能：数据输入。

3）二维码打印系统（打印机+打印软件）主要特点：溯源码/安全码图像打印输出。

4）智能手机平台：扫描溯源码/防伪码，查询信息。

食品溯源防伪应用如图2-13所示。

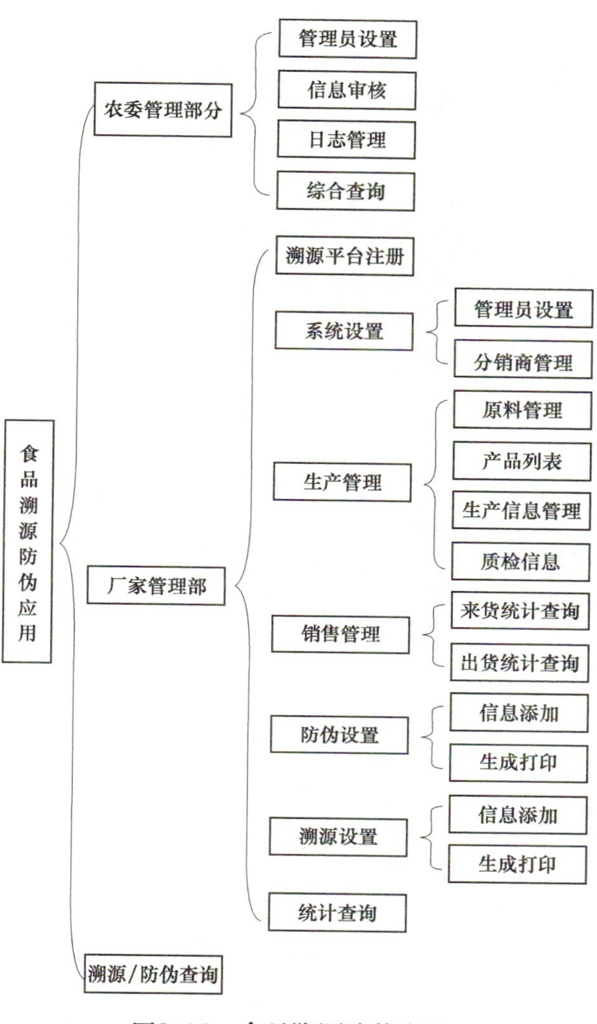

图2-13　食品溯源防伪应用

下面，以“新大陆物联网智能追溯实训系统”为例进行操作说明。

1. 农业生产环节

1）软件操作初始界面如图2-14所示。

图2-14　欢迎界面

2）搜索ZigBee设备节点，如图2-15所示。

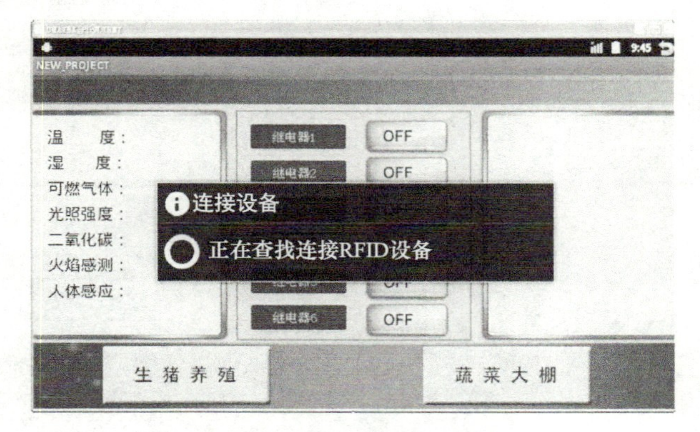

图2-15 正在查找连接RFID设备

3）连接成功后，显示检测信息，如图2-16所示。

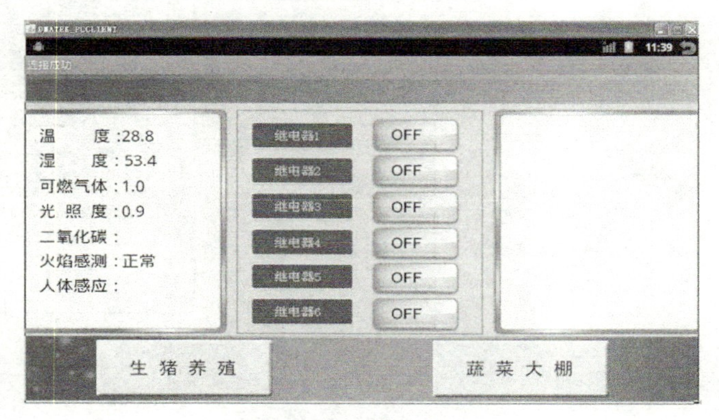

图2-16 连接成功

人体感应和RFID未接入，故上述显示5种数值。可以对温度值、湿度值、可燃气体、光照强度、火焰感测等量进行探测和显示，通过继电器控制相应物理量。

4）可通过按钮控制继电器的开关，如图2-17所示。

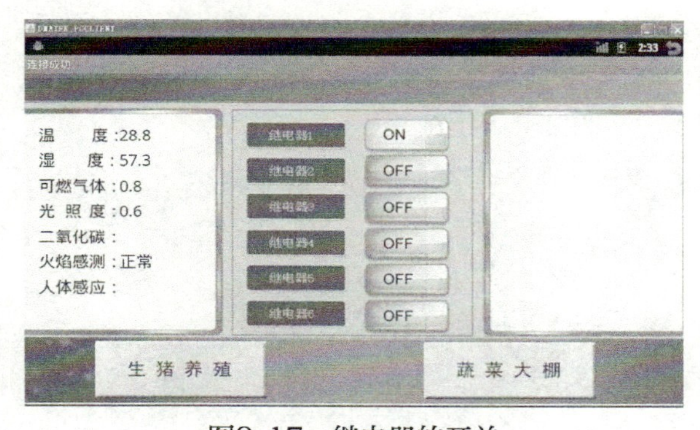

图2-17 继电器的开关

开启全部逻辑：是开启养猪场的逻辑和开启蔬菜逻辑。在默认情况下，两个场景的逻辑控制是关闭的。现在可以通过按钮控制继电器的开关了。打开继电器1，按钮变成了ON，同时继电器1传来了“啪”的一声，即开启。

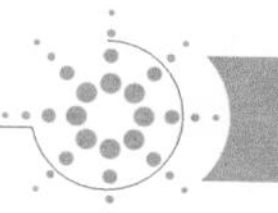

5）单击“生猪养殖”按钮，进入生猪养殖场景，如图2-18所示。

图2-18　生猪养殖场景

环境内有加热灯、照明灯、系统时间图设置、空调状态、开门显示传感器值、风扇等场景，这些场景通过逻辑进行控制。

6）开启养猪场逻辑，如图2-19所示。

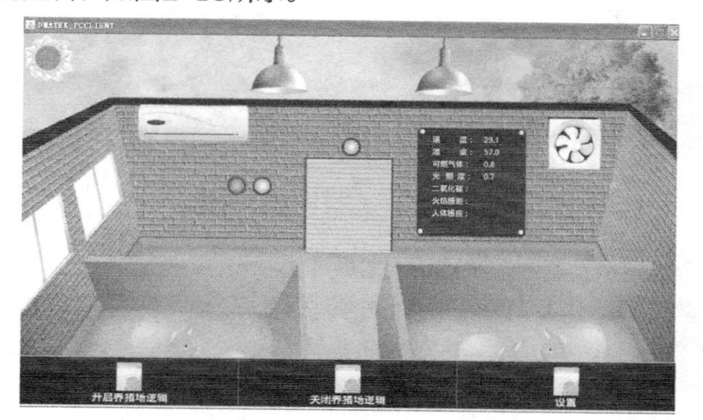

图2-19　开启养猪场逻辑图

打开养猪场的逻辑控制，系统会自动调节设置好的变量，直到室内的环境调节到符合设置的范围为止。

7）生猪养殖环境设置，如图2-20所示。

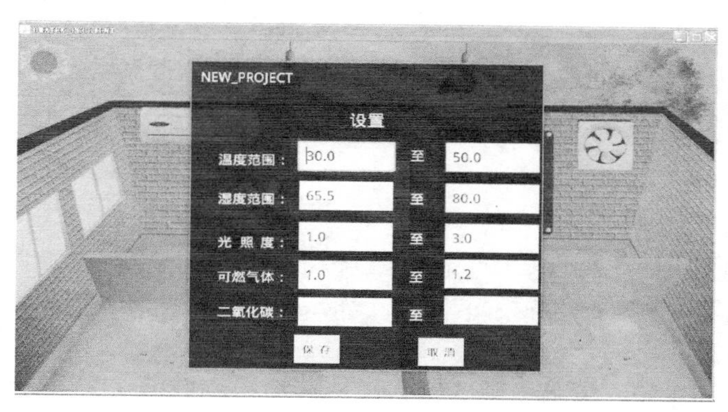

图2-20　生猪养殖环境设置

观察设置后的变化，如温度范围设置为：30～50℃之前可以看到的场景温度值是29.1℃，所以温度偏低，需要进行加热。同理，湿度范围、光照度范围、可燃气体的设置范围与CO_2测量范围的设置，可以通过范围是否正常，从而控制继电器开启相应设备进行调节。

分享：在这个控制界面，需要以后进行规划设计的是①温度控制设计；②湿度控制设计；③可燃气体控制设计；④照明控制设计；⑤火灾控制设计；⑥二氧化碳气体控制设计；⑦门禁及防盗控制设计等。

8）接下来测试“蔬菜大棚”界面，如图2-21所示。

图2-21　“蔬菜大棚”界面

9）下面对这个场景进行介绍，如图2-22所示。

图2-22　场景

该场景的界面和生猪养殖的类似，主要是逻辑根据蔬菜的设置稍微有些不同。这个界面涉及的感测器和继电器和生猪养殖的相同，控制逻辑设计可参照生猪养殖环节。

2. 养殖环节

1）打开“实训系统”软件，输入默认用户名和密码后进入“实训系统”界面，如图2-23所示。

图2-23 “实训系统”界面

2）选择“养殖环节”菜单中的“生成耳标”选项，如图2-24所示。

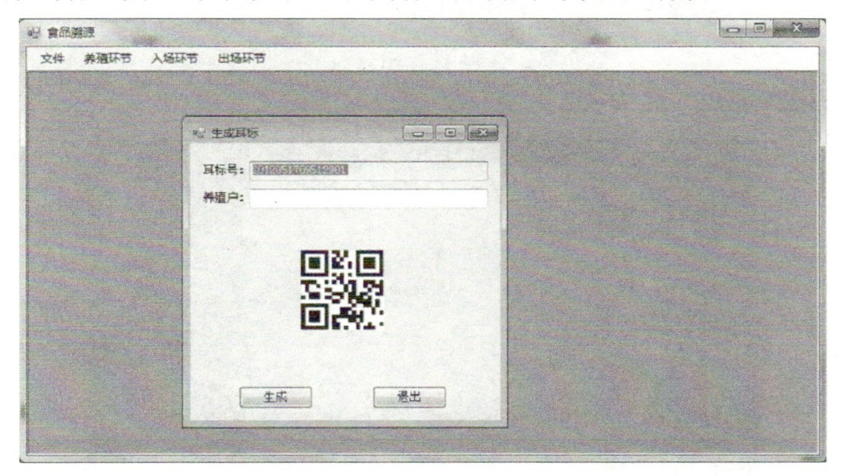

图2-24 生成耳标

3）填写“养殖户”信息后单击“生成”，将要求通过RFID写入耳标，并打印二维码标签。打印出的标签贴到“猪耳标”上，如图2-25所示。

图2-25 打印二维码

4）完成“二维码”的操作后，单击“退出”按钮。打开iPad的Wi-Fi，并选择相应网络名（见图2-26）。

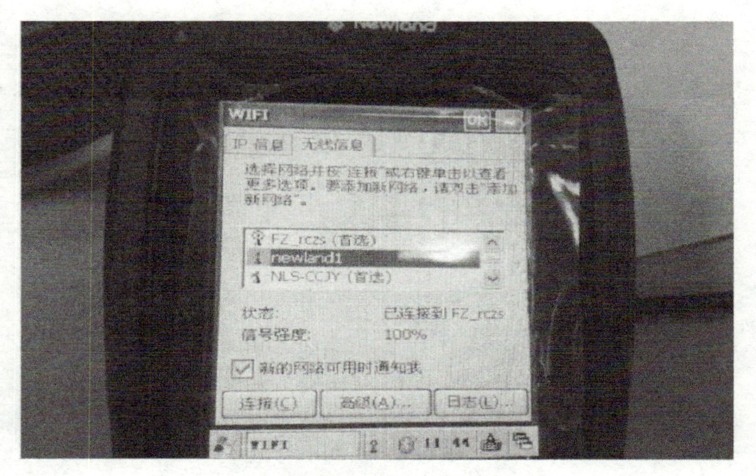

图2-26　选择相应网络名

5）修改网络配置信息，如图2-27所示。

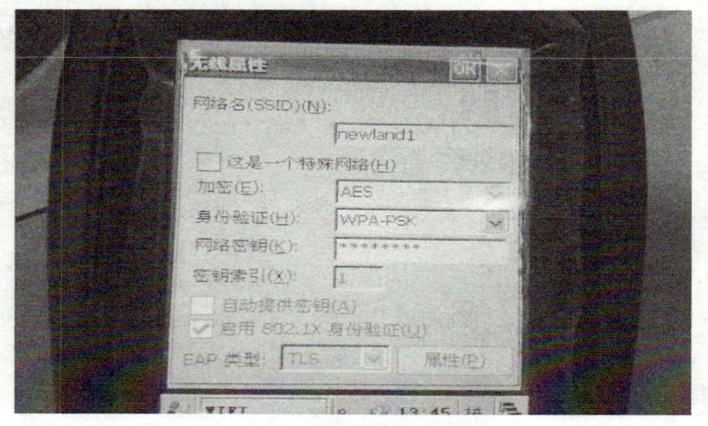

图2-27　修改网络配置信息

6）网络连接成功后，在iPad桌面上进入“我的设备”，选择“Program Files”中的（见图2-28）“Breed”。

图2-28　进入文件夹

7）双击“MobileClient”打开客户端，出现“登录”界面，如图2-29所示。

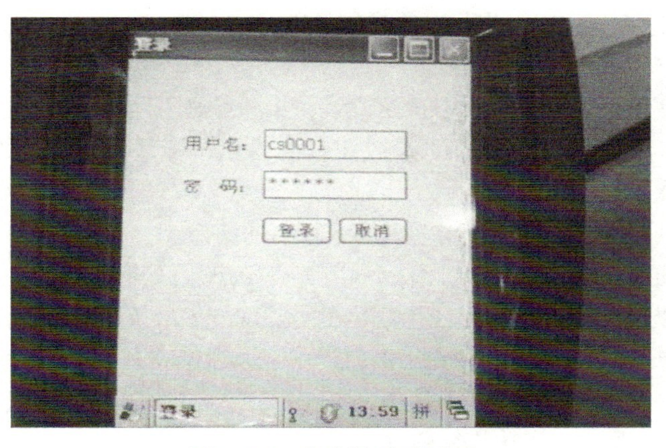

图2-29 客户端登录界面

8）单击“登录”按钮，登录成功后弹出“防疫登记”界面，将iPad的扫描端口对着贴在“耳标”上的“二维码”，单击“扫描”按钮读取耳标号，输入完其他信息，如图2-30所示。

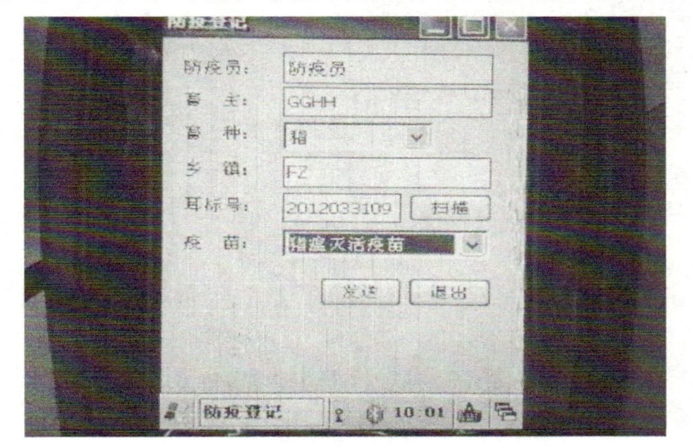

图2-30 “防疫登记”界面

9）单击“发送”按钮。防疫登记成功会弹出提示“发送成功”，如图2-31所示。

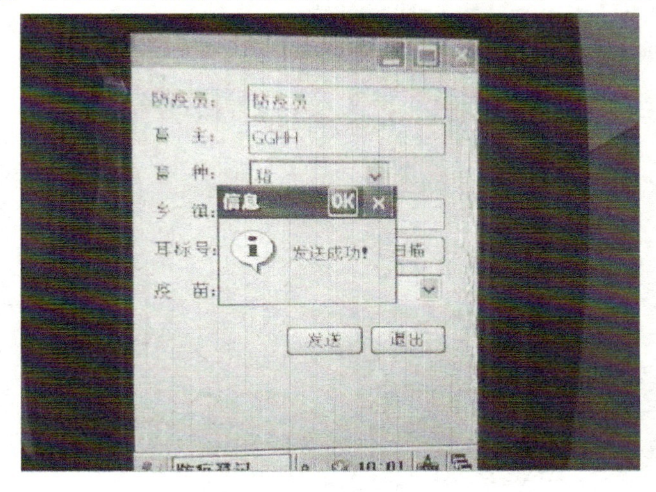

图2-31 发送成功

单击“OK”按钮完成PDA的操作，此时1号摄像机会拍下这次的操作记录存储在数据库中。

3. 食品加工

1）将称扛放在第一个和第二个RFID位置，第一个RFID对应的是黑色的标签，第二个RFID对应的是“耳标”，将商户的IC卡放在读卡器上，打开“实训系统”界面的“入场环节”，选择“管理入场记录”。

2）单击“新增”按钮，弹出“新增入场记录”的窗口。

单击读取，RFID读取成功时，“耳标号”“养殖户”栏将会读取到信息。将其余空白栏的检疫信息输入完整，在空白栏后标注了红色星号的部分为必须填写项。

单击“确定”按钮，添加成功会弹出窗口提示“添加成功”。“宰前检疫”列表会显示出刚添加的信息。

3）选定某一条信息，单击可进行修改。

4）关闭“管理入场记录”界面，将称扛移动到“称重传感器”和第三个RFID相对应的位置上，打开“实训系统”界面的“出场环节”菜单中的“管理出场记录”。

5）单击读取，RFID和IC卡读取成功时，“耳标号”“入场检疫证号”“养殖户”“入场日期”“出场重量”“IC卡号”“持卡人”栏将会读取到信息。

单击“确定”按钮，添加成功会从标签打印机打出一张含有一维条码的纸，此时摄像机会拍下这次的操作并记录在数据库中，如图2-32所示。

选定某一条信息，单击可进行修改，修改出场记录界面。

完成修改后单击“确定”将完成入场记录的修改。

图2-32　条码纸

4. 食品零售

将商户的IC卡放在电子秤头上，在电子秤键盘上输入“12312”，电子秤会读取商户IC卡上的信息，将生猪肉放在电子秤上，输入单价，用“扫描枪”扫猪白条上贴的一维码条，按“总计打印”，此时电子秤会打印出一张含有追溯码条的零售票，完成销售步骤。

5. 溯源管理

1）在触屏显示器上打开浏览器，在地址栏输入http://localhost:9000/，进入“新大陆物联网智能追溯实训系统”查询平台，如图2-33所示。

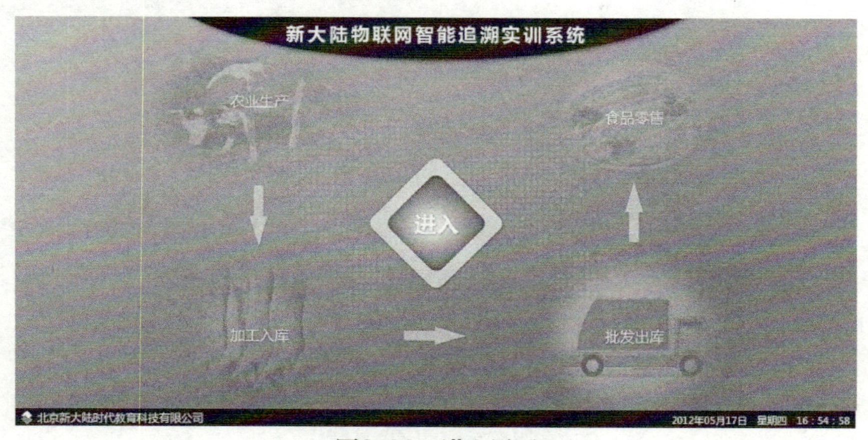

图2-33　进入界面

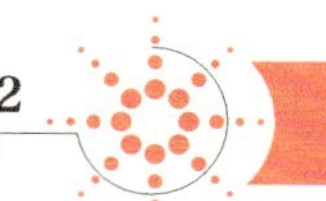

2）单击“进入”按钮，进入输入追溯码界面，如图2-34所示。

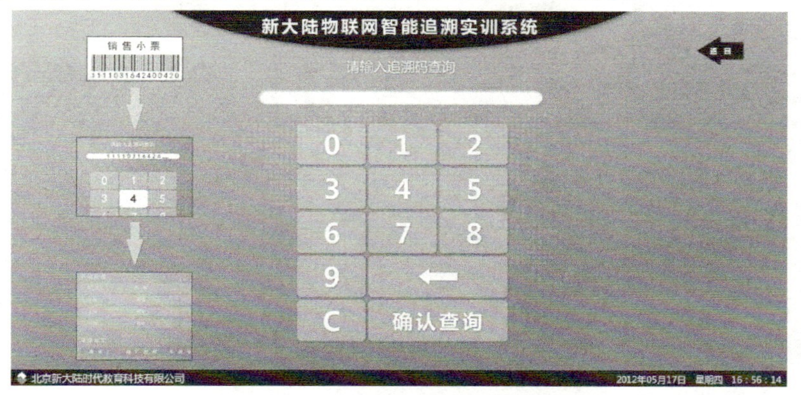

图2-34　输入追溯码界面

3）输入追溯码或用配置的扫描枪扫“零售票”上的“追溯码”，如图2-35所示。

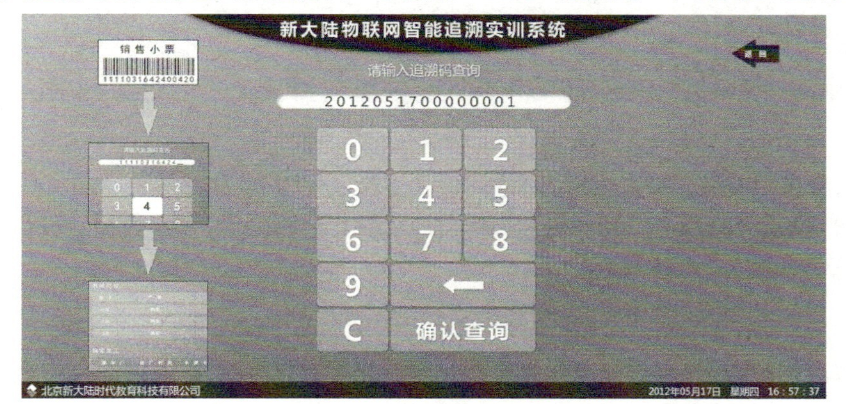

图2-35　配置

4）单击“确认查询”按钮进入查询结果显示界面，如图2-36所示。

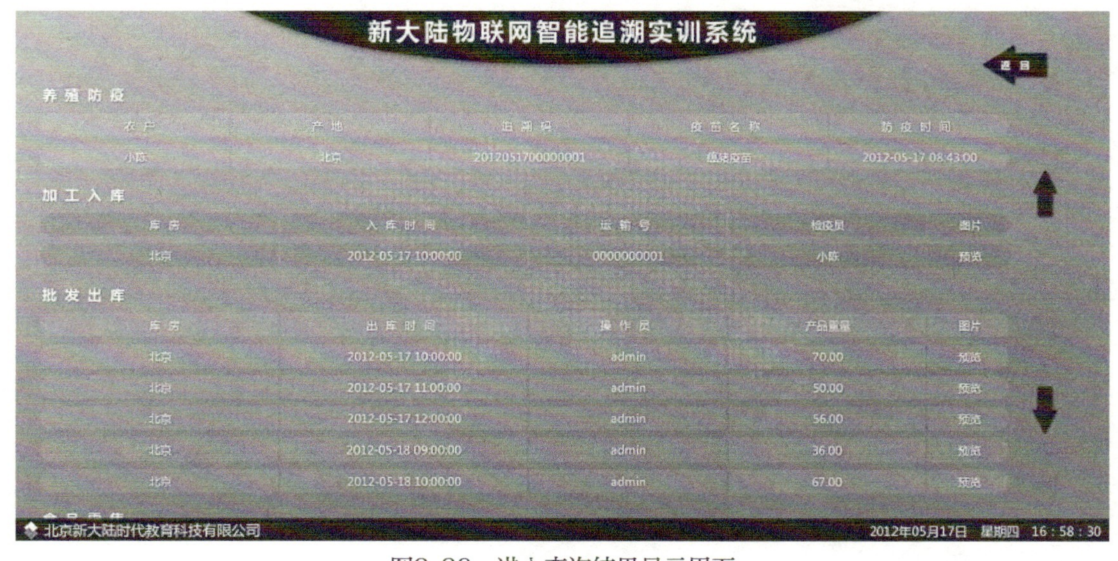

图2-36　进入查询结果显示界面

5）打开网络浏览器在地址栏输入http://localhost:9000/Manage.html，进入“新大陆物联网智能追溯实训系统”综合管理平台登录界面，如图2-37所示。

图2-37　综合管理平台登录界面

输入用户名和密码即可按照各条件查询食品追溯过程中的记录。

软件调试部分到此结束，这里仅是简单提及食品安全溯源系统软件部分，硬件部分的学习了解其结构组成、系统接线调试即可。

项目总结

本项目通过对RFID定义及结构的解析，分析RFID工作原理，并对食品安全溯源系统设计做了详细说明，使得学生体会到物联网的感官世界中尤为重要的“第二代身份证”的作用。

学习完该项目后，学生应该能够对生活中的实物RFID有所认知，并能理解此系统。

项目2　传感器：物联网的神经元

项目概述

物联网的神经元是感知与识别的核心，项目2更深理解物联网的感知与识别技术，实现物联网的信息采集，这是物联网主要的数据来源，物联网的各种应用都是通过采集各类信息和数据为前提来实现的。

项目目标

1）了解传感器定义及结构；

2）掌握各类传感器的工作原理；

3）能够理解传感器技术的实际应用。

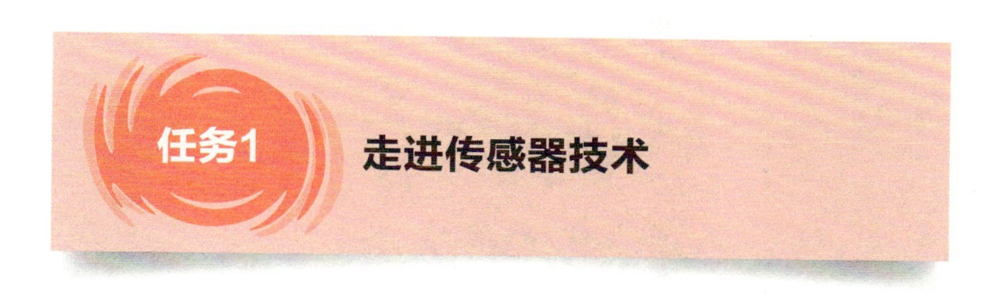

任务1 走进传感器技术

项目1结束后，同学们对物联网感知世界有了进一步的认识，知道其主要是识别物体，采集信息，与人体结构中皮肤和五官的作用相似。在本任务中，就学习感知世界中广泛运用于人们身边的传感器技术，一起走进传感器技术，感受传感器技术。

任务实施

步骤一：学生每5人一组，结合老师下发的实物及查阅传感器相关资料，参考所填温度传感形式将下图一串葡萄填上你所知道传感器，比一比看看哪位同学填充的又多又准确（见图2-38）

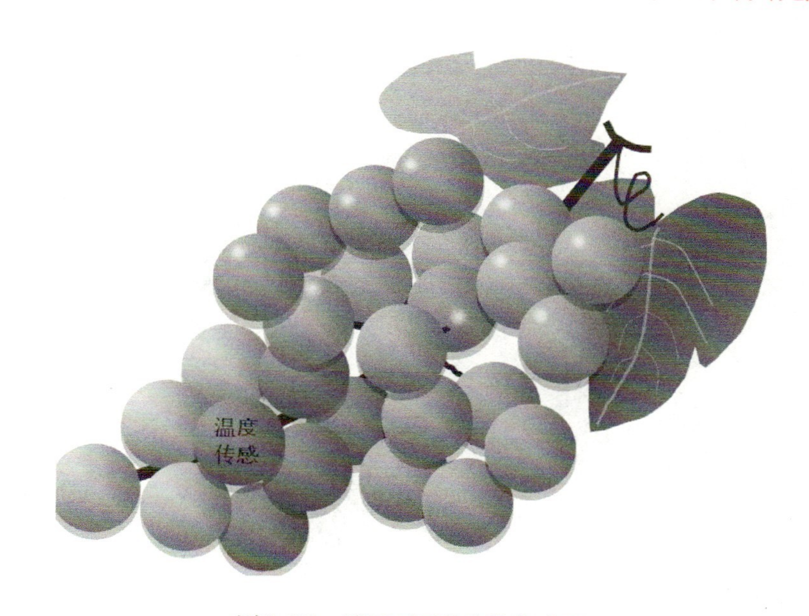

图2-38　填写不同种类的传感器

步骤二：直观解读：传感器技术

传感器是信息处理系统获取信息的重要途径。在传感器网络中起到尤为突出的作用，是物联网获取信息的主要设备。传感器技术在经济发展中的重要作用，推动社会进步，这是非常明显的。在世界各个国家目前都高度重视在这个领域的发展。在物联网系统应用中，传感器技术是物联网不可或缺的部分。

作为物联网信息采集设备，传感器使用多种将实际值转换成某种形式电气信号的观测值的机制，然后在相应的信号处理装置处理和产生动作响应。

目前，按大类对传感器进行分类，如图2-39所示。

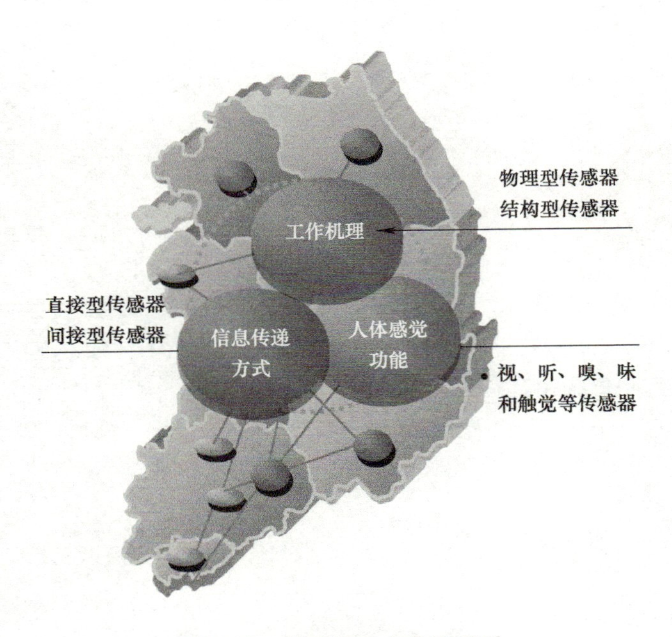

图2-39　传感器三大分类原则

在图2-39中可以看到：

1．按照工作机制的不同可以将传感器分为物型（物理）传感器和结型（结构）传感器两大类（见图2-40）。

图2-40　工作机制划分

（1）物理型传感器

物理型传感器即为利用外界信息使材料本身的固有特性发生变化，通过检测性质的不同变化来检测外界信息。

1）物理传感器：即是检测物理量的传感器。

2）化学传感器：即是检测化学量的传感器。

3）生物传感器：即是检测生物量的传感器。

（2）结构型传感器

利用外界一些信息量使一些元件本身的结构（如弹簧、双金属片等）发生形变，通过测量结构的变化来检测被测对象，如用金属的伸缩来感知温度。

2．按照信息的传输方式可以分为直接型和间接型两类传感器。

1）直接型传感器：无中转媒介，直接信号传递。

2）间接型传感器：有中转媒介，通过转换后传递信号。

3．按照人类的感觉功能分为视觉、听觉、嗅觉、味觉和触觉五类传感器，这也适合模拟人的感官系统。

除了如上传统的对传感器进行分类，随着科技不断日新月异，还可以用更直观的方法对传感器技术进行分类。填写图2-41中的表格。

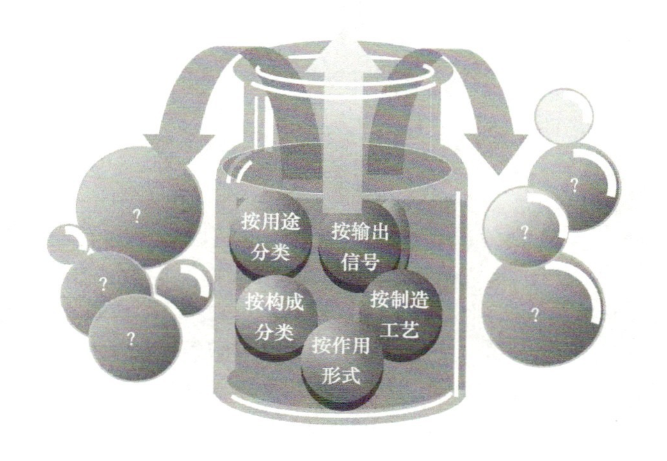

	用途分类	输出信号	构成类型	制作工艺
压力敏和力敏传感器	✓			
数字传感器		✓		

图2-41　传感器直观分类

知识链接

传感器技术目前在工业、农业、国防、航空航天、医疗卫生和生物工程等各个领域，在人们日常生活的各个方面已经根深蒂固了，如家电中温度、湿度的测控，音响系统、电视机和电风扇的遥控，煤气和液化气的泄漏报警，路灯的声控等都离不开传感器。并且它的发展方向朝着高精度、数字化，它们的存在也不断更新物联网技术在实际中的应用。

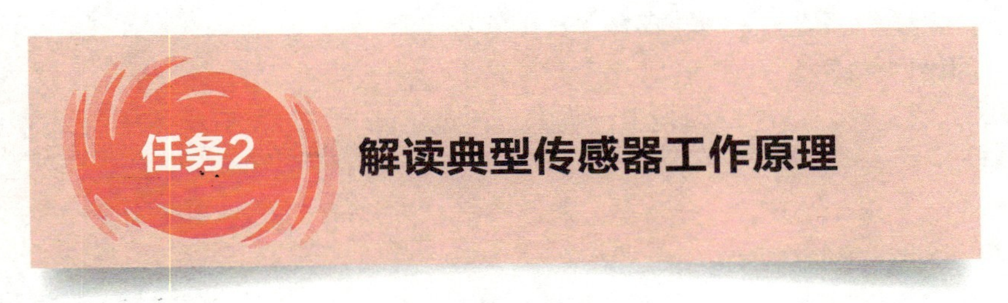

学习了传感器的结构定义后，根据不同的分类要求，了解形形色色的传感器，在本任务中，选取生活中常见的几种典型传感器，通过分析它们的工作原理，让同学们深入了解传感器在生活中的作用。

任务实施

步骤一：温度传感器

温度传感器是人们生活中最常遇到的传感器之一，它归属于电阻式传感器分类。所谓电阻式传感器是把位移、力、压力、加速度、扭矩等非电物理量转换为电阻值变化的传感器。目前常用的有应变计、压阻式、热敏电阻、热、气体、湿度和其他电阻式传感器。

目前市场较为广泛使用的一类温度传感器——铂电阻温度传感器。

铂电阻式温度传感器是一种高精度且广泛使用的对温度敏感程度较大的一种温度探测器，通过观察图2-42和图2-43中其外观和典型的电阻—温度特性曲线来认识铂电阻式温度传感器的原理与特性。

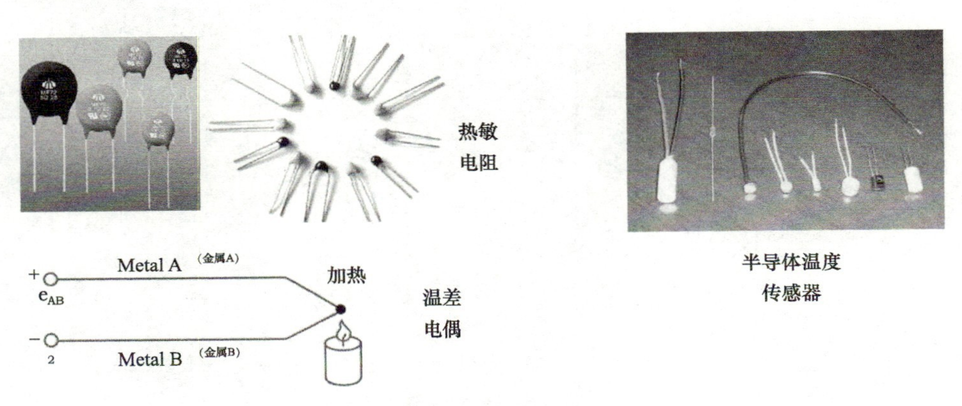

图2-42　热电偶

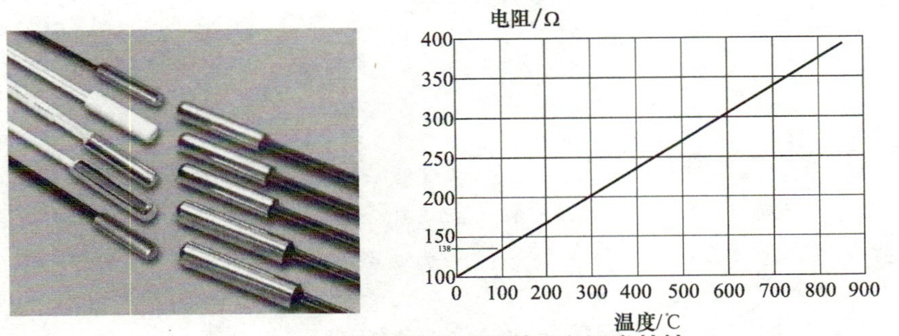

图2-43 电阻式温度传感器外观和温度特性

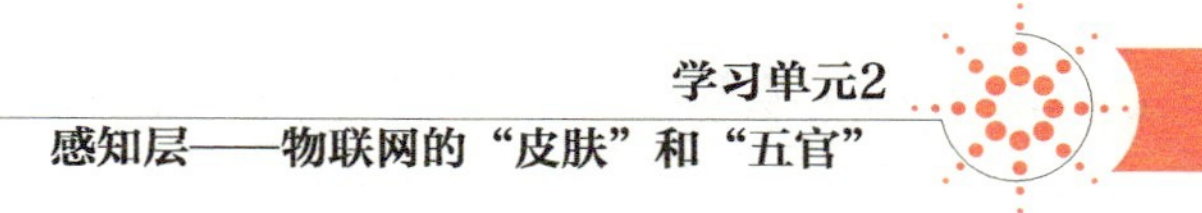

所谓铂电阻温度传感器其实就是在探测头上采用了铂元素材质，它相对应的电阻—温度特性曲线，是一条过原点的直线，铂电阻在一个相对较宽的温度范围内，其电阻与温度具有良好的线性特性，这就说明铂电阻测量相对非常稳定，这也就是为什么将其作为温度传感器来使用。

步骤二：光敏传感器（见图2-44）

光传感器顾名思义主要利用光学检测各种材料的一种叫光敏性质的电阻（即是光敏电阻）。

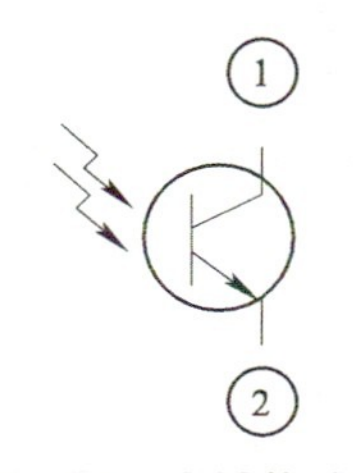

图2-44　光敏传感器

光电传感器包括光敏二极管和光敏晶体管，这两种器件的光特性就是利用灵敏的半导体装置，通过光线亮度的变化，能够自动接通或断开，将光信号转换为电信号的半导体器件，电信号会随着光照度的变化而变化，当光照在光敏晶体管的集电结处时，基极较小信号会引起发射极较大信号的变化，这就是发光的开启，类似于某些光控制开关。此外，为方便使用，市场上出现了集成光学传感器光敏二极管和光敏晶体管和信号处理电路而制成的芯片，同样适用于光敏电阻（见图2-45～图2-47）。

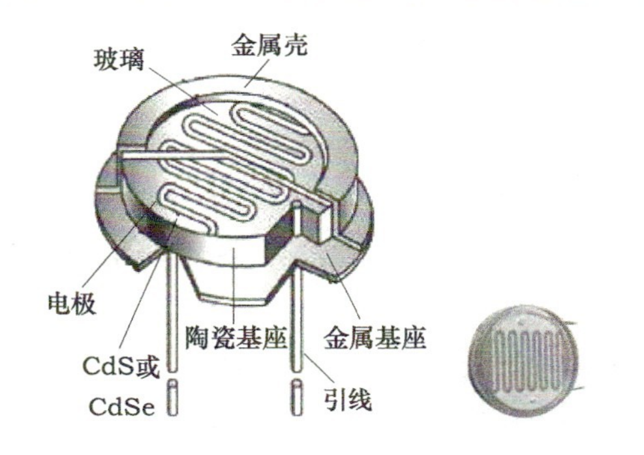

图2-45　光敏电阻结构图与实物

图2-46　光敏晶体管

图2-47　集成光传感器

光传感器大部分的波长光均可覆盖适用，如可见光、红外线、紫外线、激光等。这也使得光传感器在传感器应用中起到了非常重要的作用。

从图2-48所示我们可以看到，一般光敏器件构成的光传感器都具有平稳的变化范围，当光通景（光的通过率即强度）从0～400lm区间升沿时，光电流（通过载体的信号强度）从0～25mA呈现正态分布（线性），通过特性曲线图可以清晰地看到，光传感器的特性是非常适用于产业开发运营的。

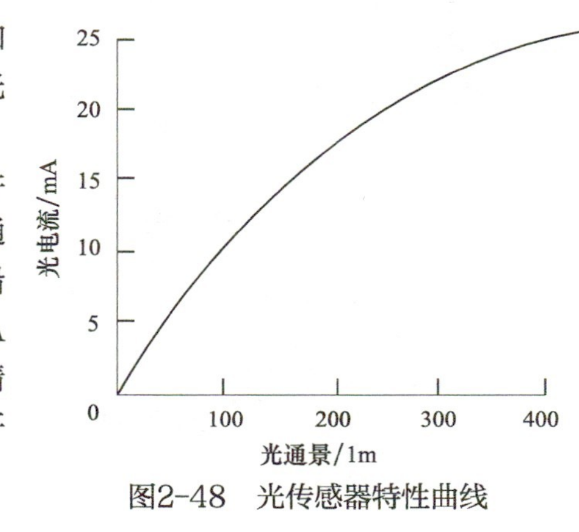

图2-48　光传感器特性曲线

步骤三

1. 激光传感器

激光早些年主要应用在军工方面，近年来逐步应用到人们生活中，尤其近些年激光医疗方面取得了很大的突破：如激光治疗近视等。在前面已经简单认识了光传感器，这里来学习不在可见光范围内的光源——激光传感器的相关知识。

测量传感器如使用激光技术，则是光传感器的一种特殊运用。目前激光传感器运用在医疗中较为常见，它由激光探头、激光控制器和激光转换器组成。激光传感器是一种新的测量仪器，它可以实现非接触式距离测量。

速度快，精度高，规模大，抗光电干扰强等优点，奠定了激光技术在传感器领域的应用。

激光传感器的核心是一种激光二极管，通过激光二极管可以发射出激光脉冲信号。通过反射的激光散射到预定的方向。散射光返回到传感器的接收部分，二极管对接收到的信号进行光成像系统处理。

2. 光纤传感器

（1）光纤传感器及其分类

光纤传感器不会受到电磁干扰，安全性能高，而且传输的信号可以实现非接触测量，具有灵敏度高、精度高、快速等优点，在各种恶劣环境中均适用，这也体现了光纤传感器使用条件的宽广，几乎不会受到常见现象的影响，不仅在电压电流等电量的测量中，而且在力量、速度等非电量的测量中，都在不断地突破，这点从许多行业均引入光纤传感器即可看出。

光纤传感器主要分为两类，一类是物性型，另一类是结构（或无功能的）型。

接下来，一起来了解两类光纤传感器的工作原理。

（2）工作原理

1）物性型光纤传感器。物性型光纤传感器是利用光纤对环境的敏感性变化，将输入物理量变换为调制的光信号。其工作原理是在外部环境因素比如温湿度、力、光照、加速度等变化时，探测头探测物理等信息并进行内部信号处理（如放大、整形），最终经过A-D或D-A等形式输出所需要的信号。

2）结构型光纤传感器。结构型光纤传感器是由光探测头与传输测量电路构成的。所以光纤只是其中一个载体，起到光信号的传播媒介（本质和电线如铜导线一样）作用。

（3）应用

光纤流速传感器如图2-49所示。

图2-49中可以看到在光纤通信大力发展的今天，光纤传感器势必在今后的生活与工作中扮演重要角色。目前主要用于电力传输、核工业、医疗、科学研究、环境保护、智能楼宇安防等领域。

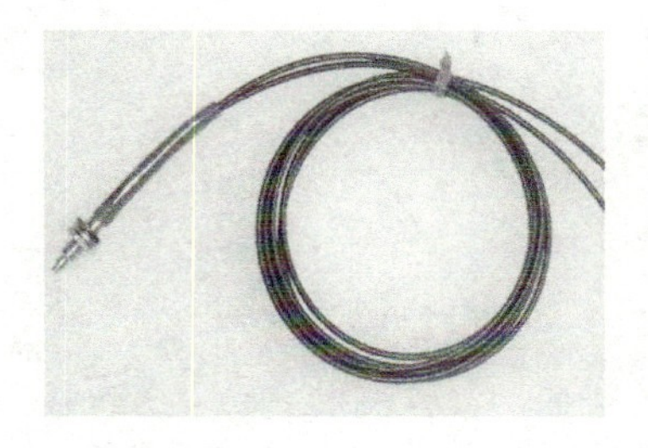
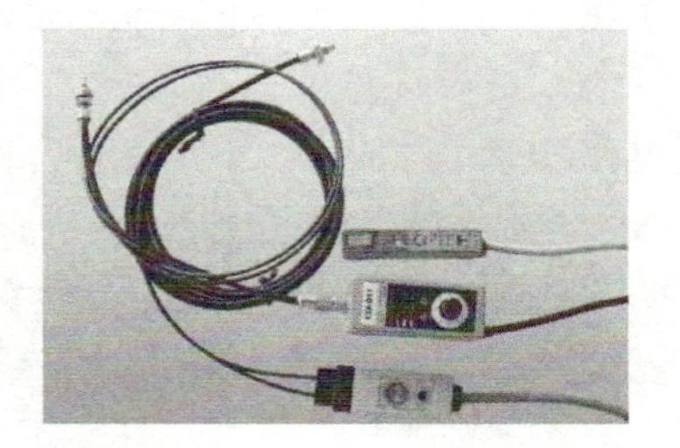

图2-49　光纤流速传感器

步骤四：霍尔传感器

霍尔传感器与霍尔效应有关，霍尔效应是电磁效应的一种，因此它可以定义为一种类似磁场的传感器，主要分为线性型霍尔传感器和开关型霍尔传感器两种类型，分别输出模拟线性量和非模拟数字量。目前，它主要应用于工控技术行业。图2-50所示为霍尔传感器外观。霍尔传感器是由半导体材料构成的，因此研究霍尔效应也就成了研究半导体特性、性能的重要指标。通过霍尔效应实验可以引出霍尔系数，这个系数可以判定霍尔元件的很多特性：结构牢固，体积小，重量轻，寿命长，安装方便，功耗小，频率高，抗振、抗腐蚀能力强。

图2-50　霍尔传感器

霍尔传感器结合不同的结构形式，能够间接测量出电流、振动、位移、速度、加速度、转速、角度等物理量，具有广泛的应用价值，目前也在不断地研究开发，如图2-51所示。

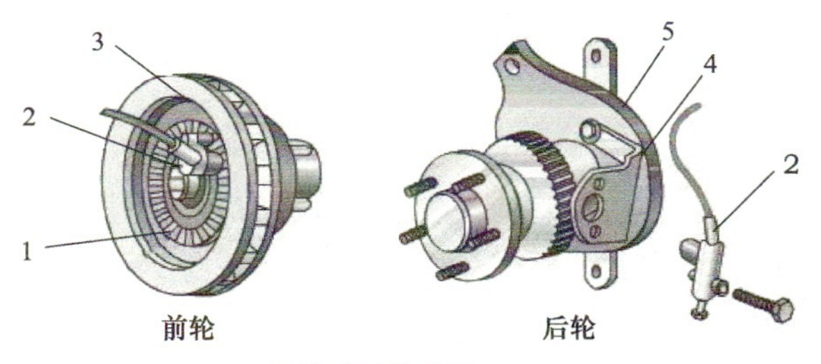

霍尔转速传感器

霍尔流速传感器

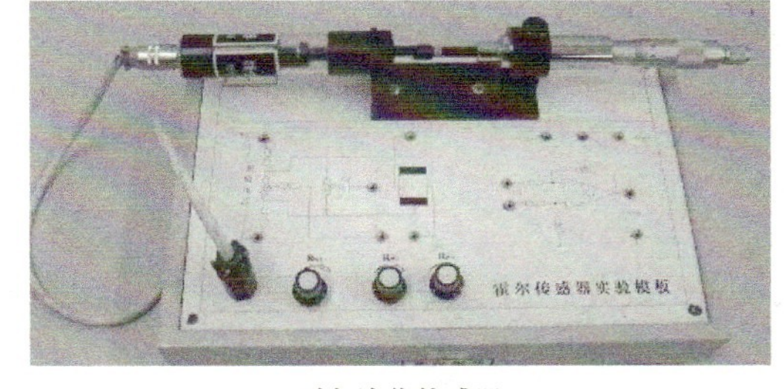

霍尔液位传感器

图2-51　各种霍尔传感器

步骤五：微机电（MEMS）传感器

微机电系统全称微电子机械系统，简称MEMS技术，是由微电子技术的微型装置，MEMS装置（包括加速度计、压力传感器、微螺旋仪、墨水喷嘴）和盘符驱动器的磁头等构成的。微机电系统的出现反映了当前设备小型化的发展趋势。

1. 微机电压力传感器

汽车胎压是很多车主关注的问题，市场上肯定有很多专门测量胎压的仪器，这其中就有压力传感器的应用。微机电压力传感器的内部结构以及外观如图2-52所示，从中可以看到，压力传感器其实是运用了在真空腔与硅应力薄膜中的硅应变电阻在胎压力作用下发生形变而改变电阻的性能来测量压力（运用到电阻定率）的。

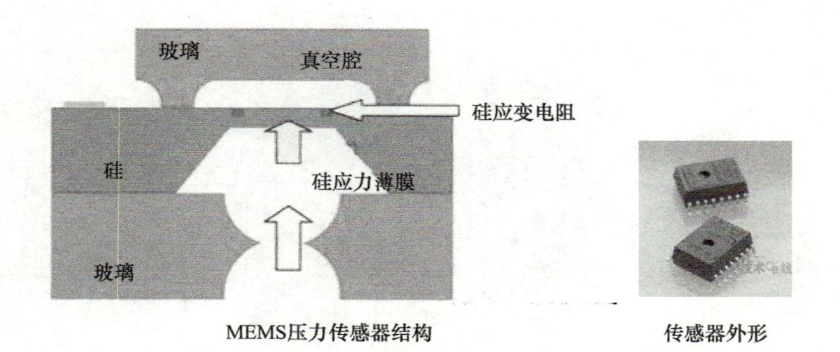

图2-52　微机电压力传感器

2. 微机电加速度传感器

如图2-53所示微机电加速度传感器内部主要由质量块和应变片等构成，其中质量块是通过半导体工艺在硅片中加工得到的，通过应变片在加速运动中发生形变，达到通过电信号反映出加速度特性变化的目的。

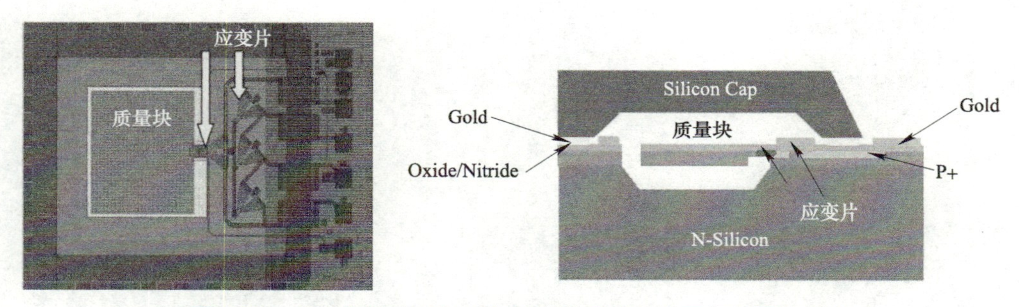

图2-53　应变电阻式MEMS加速度传感器的平面与剖面结构图

3. 微机电气体流速传感器

微机电气体流速传感器的运行载体主要是气流的变化，目前在智能空调等系统中进行监测与控制，空调的微风和睡眠模式均是通过微机电气体流速传感器来调制的。

步骤六：智能传感器

智能传感器（Smart　Sensor）是一种可进行信息处理并具备一定存储容量的传感器，与传统方法制做的传感器和微处理器并存使用。

如图2-54所示，传统的传感器应用系统主要由主机和传感器组成，由传感器向主机传送传感器原始数据；而智能传感器在传感器到主机传送路径中引入MCU微处理器对传感器信号进行而智能分析，将传感器数据分析结果传送至主机。

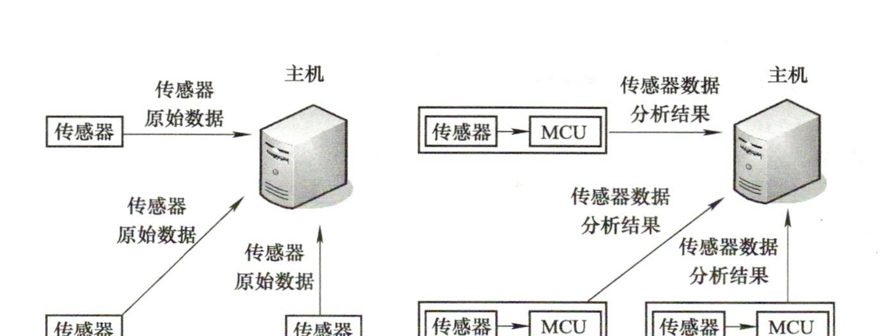

图2-54　智能传感器工作过程

智能传感器能够显著减小传感器与主机之间的通信量，即减少了信道的损耗，增强信号的通信速率，同时单片机的引入降低了语言的难度，使系统功能得到开发的权限，无论在前期准备、中期处理、后期维护过程中均提供了保障，此优势使其势必在今后被广泛应用。

下面是三类智能传感器在生活中的广泛运用，请为每一类传感器贴上属于它们的标签，看谁将标签的信息贴得既完整又准确。

标签一：
智能压力传感器

标签二：
智能温湿度传感器

标签三：
智能液体浑浊度传感器

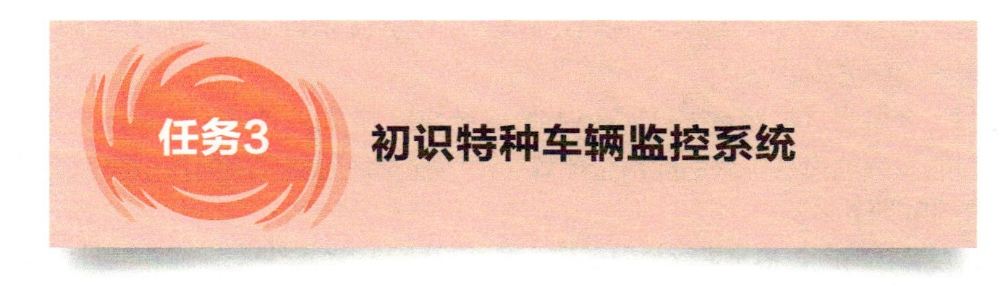

任务3　初识特种车辆监控系统

介绍了几种常用传感器后，本任务通过详细的物联网应用系统角度来阐述特种车辆监控系统，去认识一些传感器设备。首先，通过简单的特种车辆监控系统来识别车辆物联网的概念，其次，为了加深对物联网传感技术在监控系统中的应用，在此基础上结合楼宇实训项目，引入一般监控系统的操作与调试作为实训项目之一。

任务实施

步骤一

1. 问题

什么是特种车辆?

什么是监控系统?

2. 解读名词

1）特种车辆：特种车辆一般是指特制的具有特殊用途的车辆，如运输车、半挂车、搅拌车、消防车、道路除冰车、工程车、专项作业车（警车、救护、校车等）（见图2-55）。

a）工程车

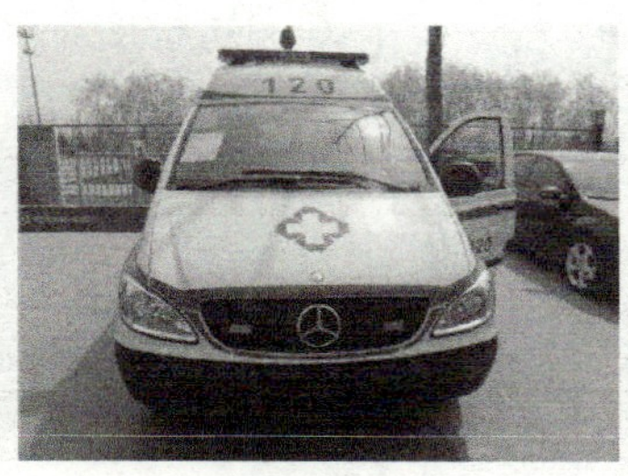

b）救护车

c）警车

图2-55 特种车辆

2）监控系统：摄像机通过同轴电缆（或无线传输）将在线视频数据传输到控制计算机，视频信号分配给每个监控和视频设备，音频输入信号可以发送到录像机。通过对主机的控制，操作者可以发出指令，可以改变上、下、左、右的运动控制和聚焦变焦镜头操作，并且可以通过主机控制实现多个摄像头之间的切换。

3. 课前准备

搜集相关的应用系统，为了便于学生认知，选取北京中盛安泰科技的危化品运输车辆监控管理系统作为入门教学系统，来初识特种车辆监控系统。

步骤二：系统项目的背景实施在本节任务中不再赘述。首先，先来了解危化品运输车辆监控管理系统主要功能

1. 车辆音视频远程监控功能

目前可采用3G/4G网络传输，可通过计算机或移动终端调取查看相应音视频。

（1）图像浏览及控制功能

系统提供了多种方式浏览，无论何时何地，通过网络实时监控并控制摄像头上、下、左、右运动进行前端平台的控制，自动旋转和缩放。前端视频信号通过解码器，供操作者浏览。

（2）抓拍和即时回放功能

系统可以对变化的图像信息进行有效抓拍，通过回放功能显示曾抓拍图像，使图像重复再现。

（3）视频备份功能

系统提供根据时间自定义存储计划，同时也可通过报警触发录像，当探测器探测到报警信号后与摄像头联动即进行录像保存（有报警发生时录像）。

（4）录像检索、回放功能

该系统提供了基于快照的方法和基于视频录像搜索功能。基于快照模式的搜索功能，操作非常便捷及人性化，在较短的时间内能从大量存储数据库中寻找到所需要的资源。

（5）报警功能

一般特种车辆车内都会配备一个紧急报警按钮，如遇到紧急情况（如抢劫、交通事故等），护卫员可以触动按钮来连通报警中心。当数据传入报警中心，则中心收到报警信号，记录报警信息并在电子地图显示报警地点等信息，进行实时日志监控记录。

系统功能基本满足特种车辆所需具备的功能要求，可及时掌握最新动态信息（视频信号及报警信息）。

通过上述学习，我们基本了解了前端摄像机视频信号状态及相应报警信息，同时在软件中能显示用户的登录全过程，这些信息均可按照要求设置单位时间读取的信息量。

2. 定位/导航功能

1）全球卫星定位。

2）信息数据查询。

3）GPS位置定位。

4）历史数据记录、分析、回放。

3. 车辆集中信息管理功能

终端内置CAN总线接口，方便接入汽车CAN总线，采集汽车底盘信息，上装信息等。也可内置PDA，通过设备的无线AP，接收远程监控中心其他指令。终端内置RFID读卡器，加上防撕贴RFID卡，架建成一套完善的防移动型GPS，有效管理车辆内部器件的完备情况（见图2-56）。

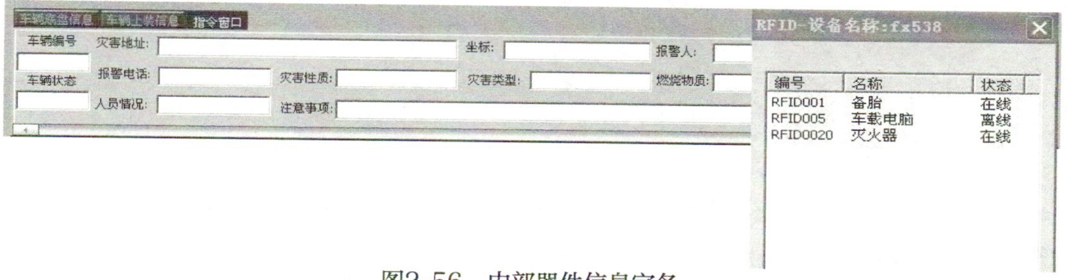

图2-56 内部器件信息完备

4. 车载电话/短信功能

5. 其他功能

比如，在调度中心可以查询汽车某个时间点的速度、加速度、温湿度、胎压、出行路线等数据，特殊情况下可供查询提供精准数据支撑。

知识链接

通过图2-56可以简单分析危化品运输车辆监控管理系统，可以看出该系统可以为用户提供视频、语音、数据的采集、传输、储存和处理，以集中式分区化方式为用户提供便捷、经济、有效的远程监控管理。同时，用户可以不受时间、地点限制对监控管理目标进行实时监控、实时管理、实时观看和实时调度。

步骤三：系统组成知多少

本任务以中盛安泰科技系统为例（见图2-57），结合目前特种车辆监控系统所应具备的条件，将系统分为：

（1）车载前端视频采集子系统

（2）GPS定位导航子系统

（3）车辆集中信息管理子系统

（4）无线公网传输子系统

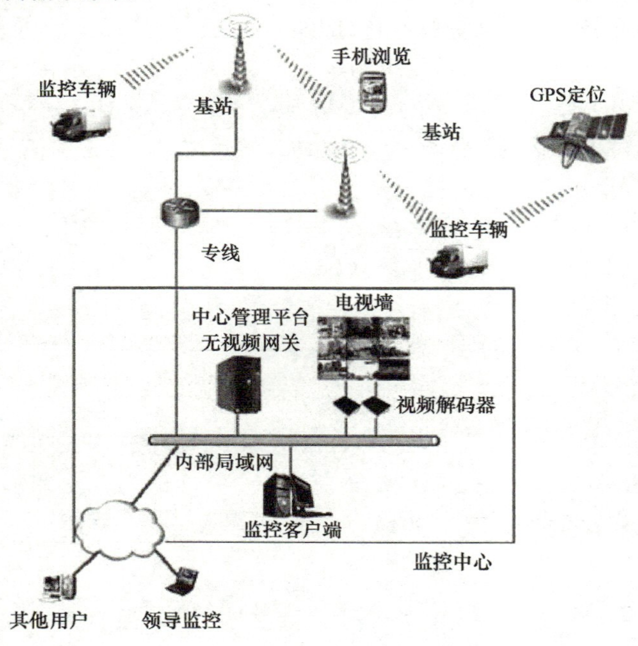

图2-57　系统组成图

（5）监控中心子系统

首先，先来为同学们解释什么是车载前端视频采集子系统。

车载前端视频采集子系统主要是由防爆箱式3G/4G无线视频信号采集传输设备、车内外结合式防爆摄像机、遮阳板监视器三部分组成。

1. 实践模块

危化品运输车辆监控管理系统是一个复杂的系统，是监控系统的物联网运用的典型案例。为了使同学们更为深刻地从系统内部着手，下面以楼宇监控视频系统案例为切入，安排实训环节，培养整体系统分析掌握能力，养成实际系统设计操作调试整套流程。

2. 下发任务书

任务：复杂视频监控系统安装、接线、调试与运行。

通过视频监控系统的安装、接线和调试，实现快速球形摄像机的控制，快速球形摄像机、枪式摄像机、半球摄像机、红外摄像机视频信号的显示、切换、录像等功能。

（1）器件安装

1）在提供的器件中，选择半球摄像机，并将其安装到“X号网孔板”正面，具体安装位置如图2-58所示。

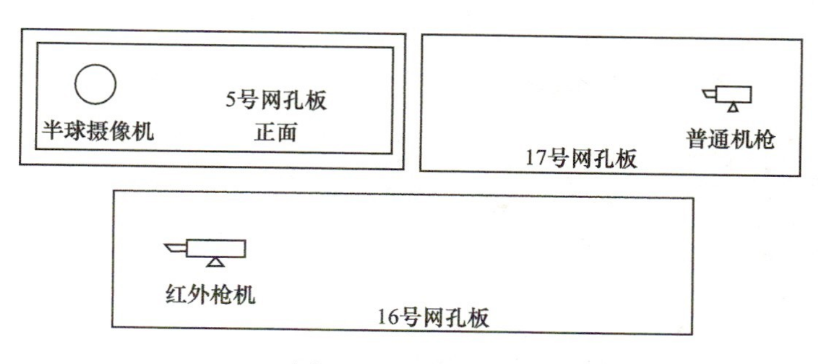

图2-58　安装位置

2）系统接线

根据图2-59所示的框图，按照工艺要求，制作视频线，并用视频线连接摄像机视频输出与矩阵的视频输入，将矩阵的视频输出与硬盘录像机的视频输入对应连接，将矩阵的第5通道输出连接到液晶监视器的视频输入，并连接各摄像机电源及快速球机通信线。

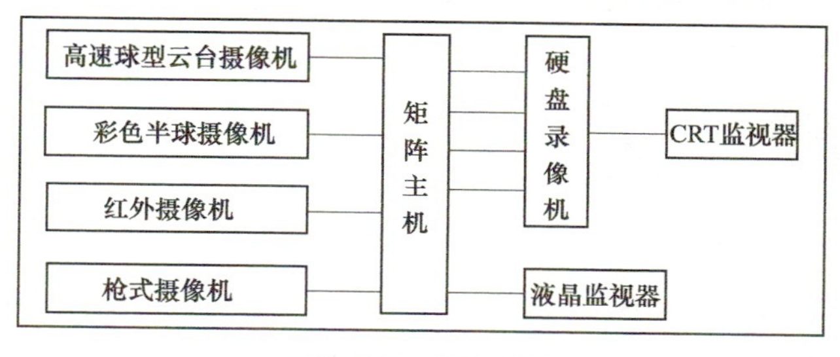

图2-59　系统接线

工艺要求：

① 所有接线端子和BNC插头均应上焊锡，焊锡应均匀；

② 信号导线原则上不允许续接；

③ 电源线续接处用热缩管、套管等进行保护；

④ 线槽内的布线应整齐、规范。

（2）通过参数设置，实现以下功能要求

1）通过对矩阵主机的参数设置，实现画面的队列切换功能，要求切换时间与顺序如下：红外摄像机（1s）→枪式摄像机（2s）→快速球形摄像机（3s）→彩色半球摄像机（4s）→红外摄像机，队列画面显示在液晶监视器上。

2）通过对硬盘录像机的参数设置，实现硬盘录像机输入画面的队列切换。切换顺序为：第1路输入→第2路输入→第3路输入→第4路输入。

3）通过设置，要求在CRT监视器上显示的摄像机画面无重复，通过硬盘录像机可控制高速球型云台摄像机旋转、变倍和聚焦。

4）通过对硬盘录像机的设置，实现四路画面录像功能，可通过硬盘录像机调取录像数据。

项目总结

本项目循序渐进地引导学生，通过对传感器的定义和结构初识了物联网的神经元，通过掌握各类传感器的工作原理来理解各种采集和感知设备获取信息的基本原理。在传感器技术的实际应用中，尤其采用了智能楼宇监控系统来深层次理解监控探测对于传感器技术的升华。

学习完该项目后，学生应该能够对生活中常用的传感器有所认知，并能够解读传感器运用较广的监控系统，为后续学习打下良好的基础。

项目3 其他感知与识别技术

项目概述

在本项目中，简单学习其他感知与识别技术，选取三类技术进行了解（GPS、红外感应与二维码技术），了解它们带给我们的丰富多彩的生活世界，直接感知物联网在我们生活中的缩影。

项目目标

1）了解GPS的原理及应用；

2）理解红外感应技术；

3）认识并掌握二维码技术原理与二维码技术实际应用。

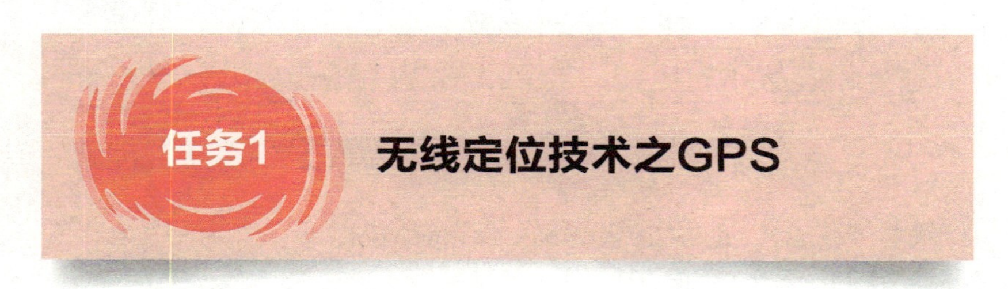

任务1 无线定位技术之GPS

无线定位技术已经在人们的生活中根深蒂固了，定位是GPS的基本功能，本任务中一起来了解GPS的特点及发展。要求同学们掌握GPS系统的组成，学会分析GPS系统工作原理，即如何定位。

任务实施

步骤一

1. 问题：GPS是什么呢（见图2-60）

图 2-60

2. 解读名词

GPS（Global Positioning System，全球定位系统GPS）是一种可以授时和测距的空间交会定点的导航系统，可向全球用户提供连续、实时、高精度的三维位置、三维速度和时间信息。

GPS是由美国建立的一个卫星导航定位系统，利用该系统，用户可以在全球范围内实现全天候、连续、实时的三维导航定位和测速；另外，利用该系统，用户还能够进行高精度的时间传递和高精度的精密定位。其主要目的是为陆、海、空三大领域提供实时、全天候和全球性的导航服务。

它的形成发展框图如图2-61所示。

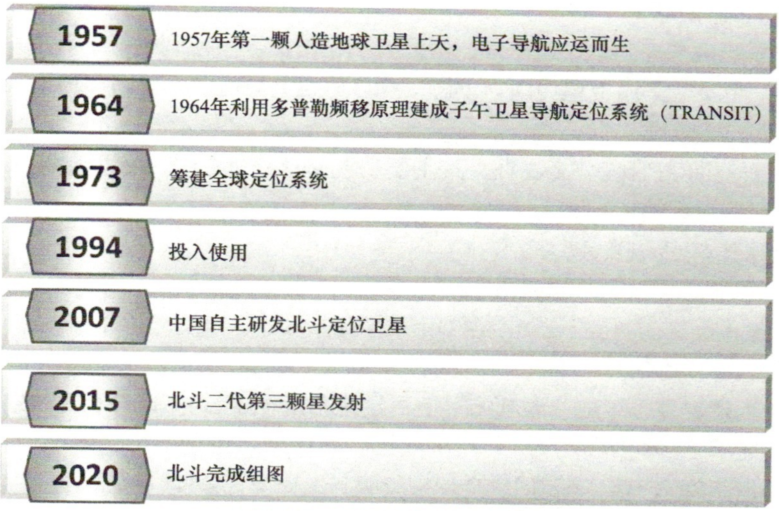

1957	1957年第一颗人造地球卫星上天，电子导航应运而生
1964	1964年利用多普勒频移原理建成子午卫星导航定位系统（TRANSIT）
1973	筹建全球定位系统
1994	投入使用
2007	中国自主研发北斗定位卫星
2015	北斗二代第三颗星发射
2020	北斗完成组图

图2-61　GPS发展形成框图

步骤二：学生观察图中对于GPS的应用领域（见图2-62）

a）　b）　c）　d）　e）　f）

图2-62　GPS的应用领域

步骤三：直观解读：GPS

GPS全球定位系统由空间部分、地面控制系统和用户设备部分三部分组成。

（1）空间部分

1）GPS的空间部分是由24颗卫星组成的（21颗工作卫星，3颗备用卫星），它位于距地表20 200km的上空，均匀分布在6个轨道面上，轨道倾角为55°。

2）卫星的分布使得在全球任何地方、任何时间都可观测到4颗以上的卫星，并能保持良好定位解算精度。

3）GPS的卫星因为大气摩擦等问题，随着时间的推移，导航精度会逐渐降低。

（2）地面控制系统

地面控制系统由主控制站、监测站、地面控制站组成。主控制站位于美国科罗拉多州春田市。地面控制站负责收集由卫星传回的讯息，并计算卫星星历、相对距离和大气校正等数据。

（3）用户设备部分

用户设备部分即GPS信号接收机。其主要功能是能够捕获按一定卫星截止角选择的待测卫星，并跟踪这些卫星的运行。

现今，全球共有四大GPS系统。

（1）美国GPS

美国GPS是由美国国防部于20世纪70年代初开始设计、研制的，并于1993年全部建成。

（2）欧盟“伽利略”

准备发射30颗卫星，组成“伽利略”卫星定位系统。2009年该计划正式启动。

（3）俄罗斯“格洛纳斯”

它始于20世纪70年代，如要提供全球定位服务，则需要24颗卫星。

（4）中国北斗卫星导航系统[BeiDou（COMPASS）Navigation Satellite System]

1）中国北斗卫星导航系统是中国正在实施的独立运行的全球卫星导航系统。该系统由空间段、地面段和用户段三部分组成。

2）空间段包括5颗静止轨道卫星和30颗非静止轨道卫星。

3）地面段包括主控站、注入站和监测站等若干个地面站。

4）用户段包括北斗用户终端以及与其他卫星导航系统兼容的终端。

步骤四： GPS的工作原理

查阅福尔摩斯关于钟声破案逻辑的一个案例。在该案例中从奇怪的13响出发推断。

广播信号：光速传播，约300 000 000m/s。

钟声：音速传播，约340m/s。

13响的构成：

① 第1响：来自收音机。

② 第2～12响：来自Big Ben和收音机。

③ 第13响：来自Big Ben。

推断女孩的藏身地点：

① 距离Big Ben足够近的地方（能听到钟声）。

② 距离Big Ben约1360m（4s后听到钟声）（见图2-63）。

③ 10层以上的旧楼。

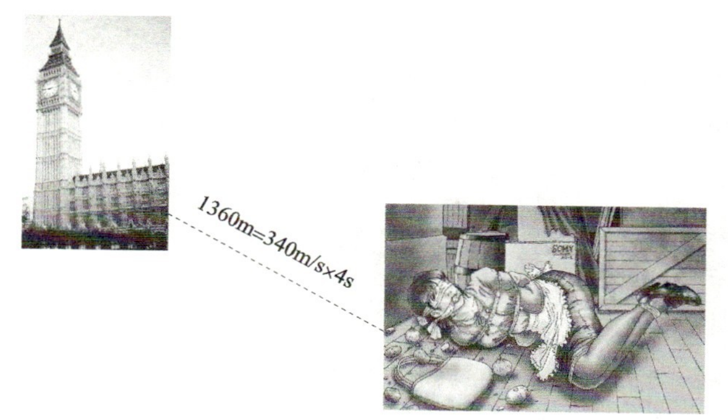

图2-63 距离计算

原理：利用同步发出的信号达到接收信号地点的时间延迟推算距离，得到公式

距离=音速×钟声时间延迟量

信号源：Big Ben，广播（同步发出）。

接收器：女孩的耳朵。

广播信号快速到达（光速，延迟时间可忽略），声音信号延迟到达（音速）。

GPS定位是以星站距离测量为基础的，同样利用了时间延迟求算距离的方法。

（星站距离：GPS卫星到接收机的距离）

卫星信号是电磁波，以光速传播。

卫星距地面很远，轨道高度为20 200km（图2-64）。

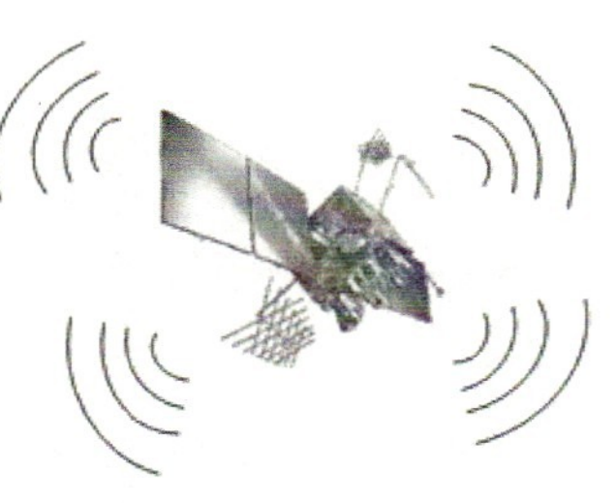

图2-64 卫星信号模拟

在大致理解了GPS是如何定位这一初步原理后，来看一下GPS的传输速度（见图2-65）。

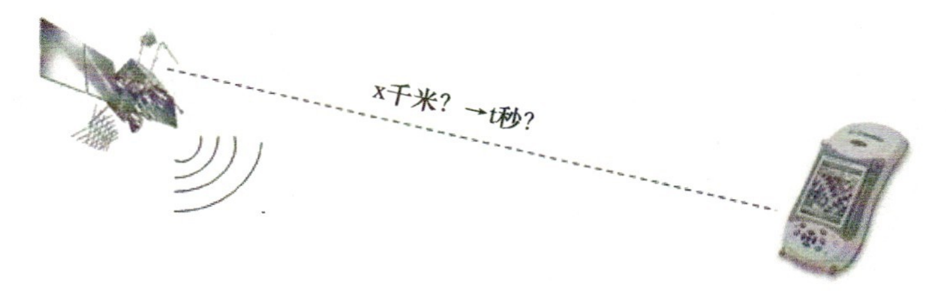

图2-65 GPS的传输速度

那么，如何求算信号传播时间?

t0：卫星发出码信号（Big Ben）。

这个波形只有1和0两种状态。

t0：接收机同步产生相同的码信号（电台广播复制钟声）。

t1：接收机接收到卫星信号（女孩听到Big Ben钟声）。

GPS基于电路产生的伪随机码相位对齐方式实现时间延迟量的计算。

伪随机码（Pseudo Random Noise）：

① 以等概率产生0和1。

② 具有良好的自相关性。

编码信号移位后与原信号进行异或运算，产生新序列，自相关函数R判定自相关性：

R=（N0−N1）/（N0+N1）

完全对齐时，R=1，未对齐时，R≈0。

未对齐：（错开1位）

	1	1	1	1	0	0	0	1	0	0	1	1	0	1	0
⊕	0	1	1	1	1	0	0	0	1	0	0	1	1	0	1
	1	0	0	0	1	0	0	1	1	0	1	0	1	1	1

R=（7−8）/（7+8）=−1/15≈−0.067

完全对齐：

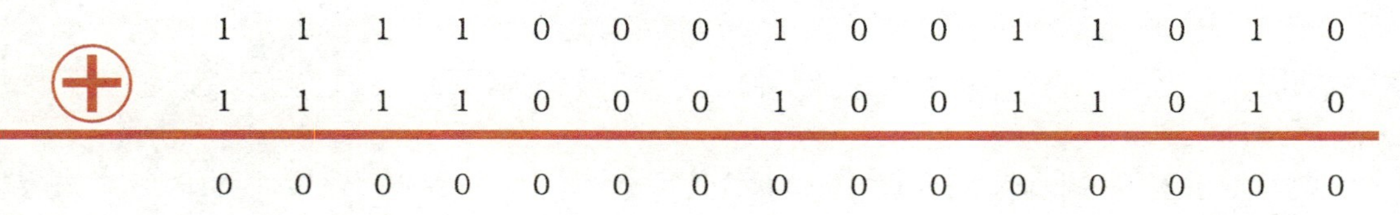

	1	1	1	1	0	0	0	1	0	0	1	1	0	1	0
⊕	1	1	1	1	0	0	0	1	0	0	1	1	0	1	0
	0	0	0	0	0	0	0	0	0	0	0	0	0	0	0

R=（15−0）/（15+0）=1

接收机接收到GPS卫星信号后，通过若干次移位，最终可与自身复制的码对齐（R=1）。GPS信号时间延迟如图2−66所示。

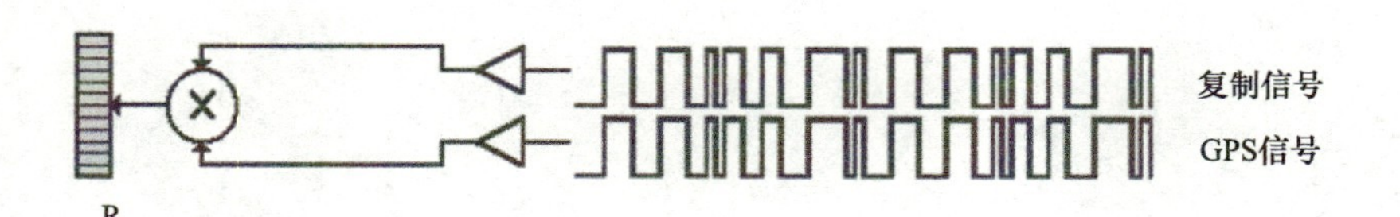

GPS信号时间延迟Δt=码元宽度tu×移位数

传输一个bit所需要的时间。
tu=1/f
f是信号传输频率，已知数。

星站距离=光速×码元宽度tu×移位数

图2−66　计算GPS信号时间延迟

原理：利用同步发出的信号达到接收机的时间延迟推算距离，得出公式

星站距离=光速×GPS信号时间延迟量

信号源：GPS卫星，接收机自身同步复制。

接收器：接收机自身。

复制信号快速到达（自身复制，无延迟），GPS信号延迟到达（光速）。

在学习了如何计算星站之间的距离后，该如何定位呢？

如果距Big Ben约1360m的10层以上旧楼很多，如图2-67所示。

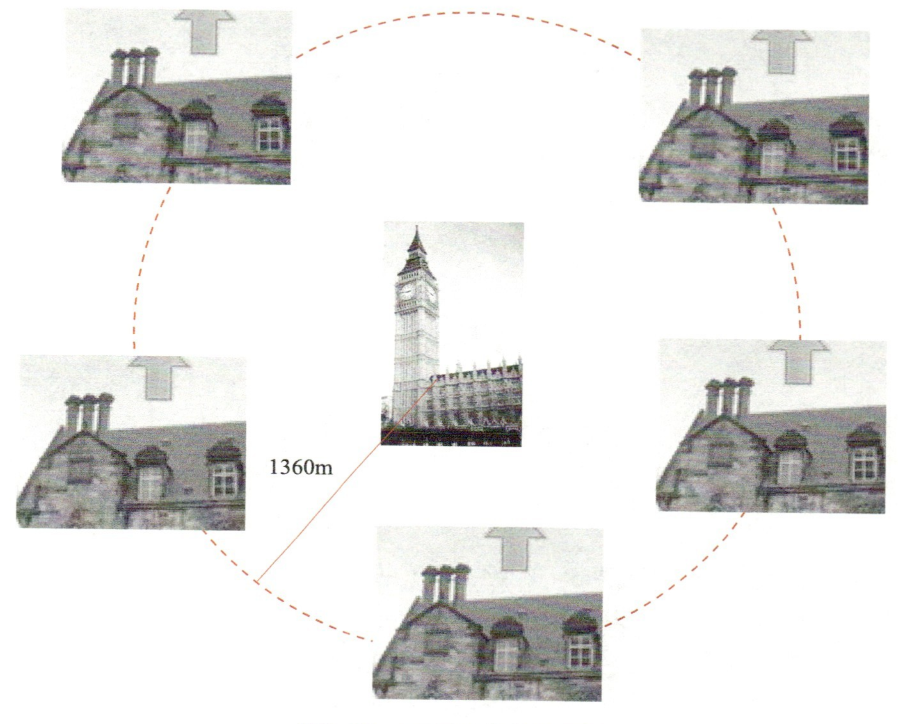

图2-67 10层以上定位原则

如果有2个Big Ben，如图2-68所示。

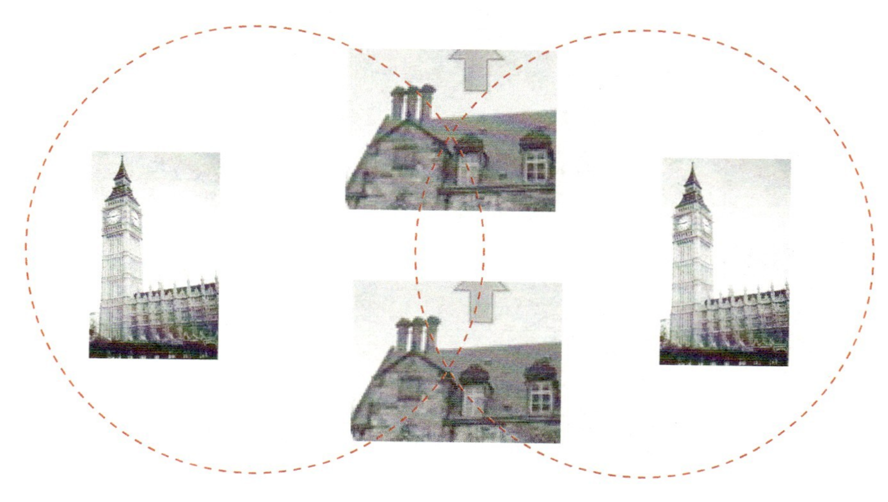

图2-68 两个Big Ben定位原则

如果有2个Big Ben，如图2-69所示。

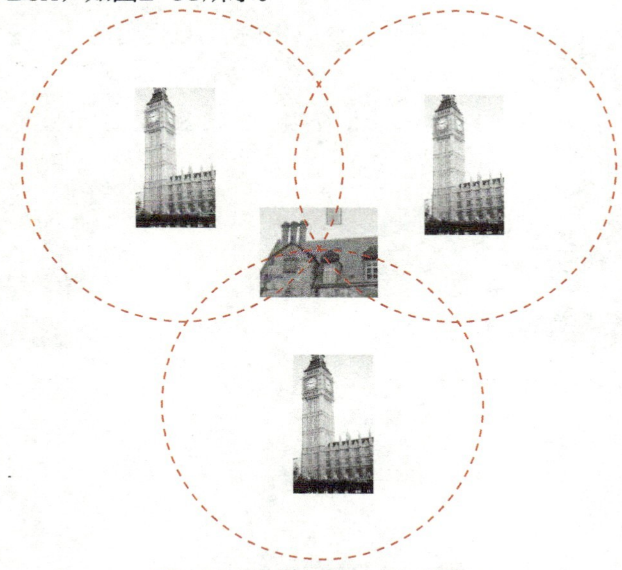

图2-69　3个Big Ben定位原则

没有3个Big Ben，但有很多GPS卫星！

① 共有24颗GPS卫星。

② 从地球上任意一点可以看到5～12颗卫星（见图2-70）。

③ 任一卫星的瞬时位置可根据星历计算得到。

下面介绍一种重要的计算方法：空间距离交会法定位（见图2-71）。

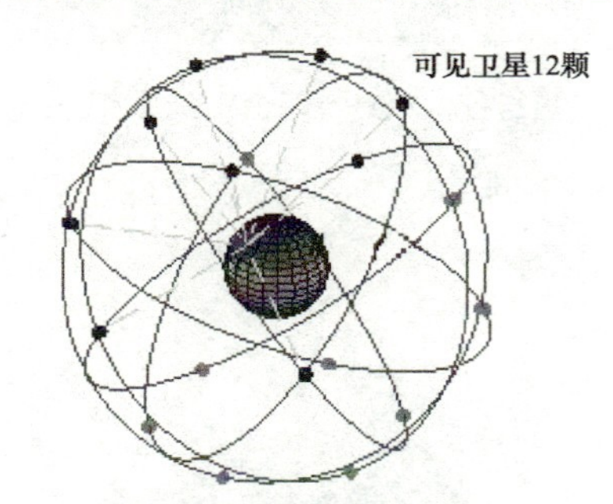

图2-70　GPS卫星分布显示

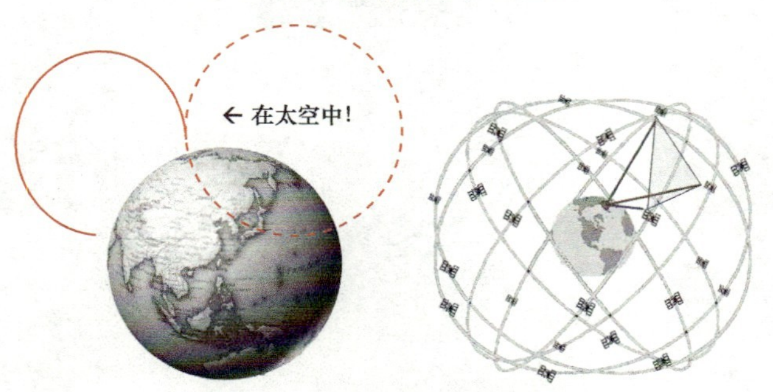

图2-71　空间距离交会法定位

距离交会法观测方程如下：

$$\begin{cases} d_1^2=(x-y_1)^2+(y-y_1)^2+(z-z_1)^2 \\ d_2^2=(x-x_2)^2+(y-y_2)^2+(z-z_2)^2 \\ d_3^2=(x-x_3)^2+(y-y_3)^2+(z-z_3)^2 \end{cases}$$

（x，y，z）为待求的接收机位置，d为卫星到接收机的距离，（x_i，y_i，z_i）为卫星瞬时位置（由星历计算得到）。

结论：接收机观测到3颗以上卫星即可实现定位（见图2-72）。

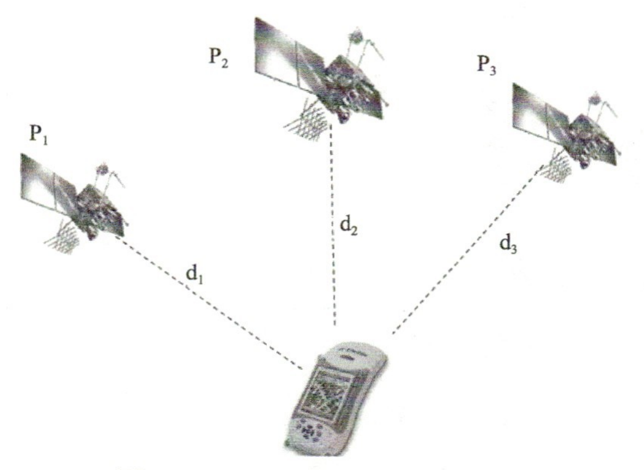

图2-72　3颗以上卫星实现定位

步骤五：案例分析——GPS理解无处藏匿

案例：出租车智能管理信息服务系统（见图2-73）

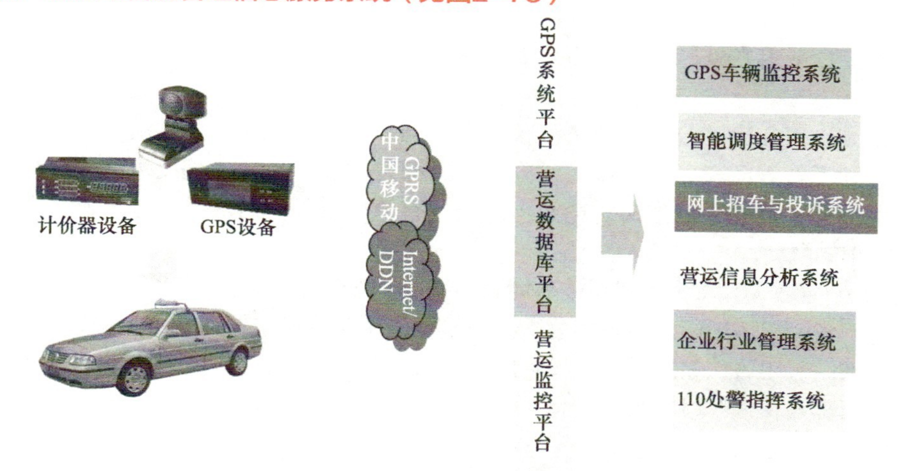

图2-73　系统原理及总体结构

1. 出租车智能管理信息服务系统

该系统的主要功能包括出租车智能化调度、出租车营运统计分析、突发事件报警及处警、案情辅助排查及分析、设备维修管理及查询和客户服务管理分析。

对于出租车行业来说，GPS系统的建设可进行针对出租车的智能化调度、营运动态监管、与110平台的联动以实现突发事件的报警处警、客户服务分析等。

2. 出租车GPS监控界面演示（见图2-74）

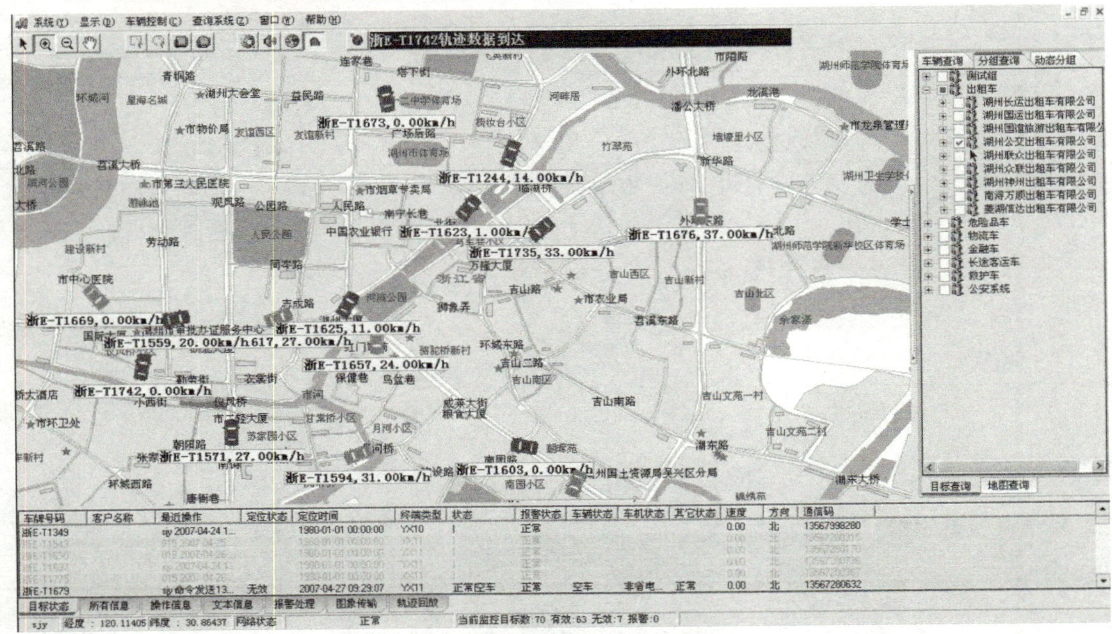

图2-74　出租车GPS监控界面演示

（1）电话招车

乘客拨打致电调度中心，中心以乘客所在位置的一定区域内下发调度信息，驾驶人如抢答成功，中心为乘客接通驾驶人电话，驾驶人与乘客直接建立沟通。

（2）网上招车

乘客直接登录相关网站，以一定区域范围内寻找出租车辆，直接去电与出租车驾驶人进行联系。

抢劫报警：目前宁波公安、消防和救护车车辆都安装了GPS监控系统，一旦在网车辆发生警情，有利于就近派车，在最短的时间内赶到案发地点，真正做到出警的准确、快速、有效，有力地保障了驾驶人的生命财产安全。一旦有警情出现，可对某一车辆进行单独重点监控，观察该车的动向。

轨迹回放：GPS系统的轨迹回放功能，在各出租公司及行业管理部门中已经得到了十分广泛的应用，各公司运用该功能对驾驶人存在疑问的超速违章单据进行核实和处理；某市出租车管理所等部门运用该功能对乘客所投诉的驾驶人拒载和绕道行为进行轨迹回放查看，能十分明了地看到驾驶人在该时段的行进过程，并做出相应处理，使行业管理部门有力地加强了对出租车行业的动态监管力度。

3. 出租车营运数据分析功能

对于行业管理部门来说，以前由于信息分散，而且缺乏交通决策模型与工具的支撑，进行决策时只能基于经验判断。现在，通过改造出租车原有计价器和空满载指示牌，并在车上加装车载GPS设备，使计价器、空满载信号和GPS连接，将出租车所有营运数据（其中包括营运业务数据、车辆行驶和位置数据）通过移动网络进行传输，依赖交通GPS综合应用系统所建立的量化模拟和决策支持模型，便于行业管理部门对出租车的营运情况进行统计和分析，可对出租车一天的营运时间、营运收入、电话召车次数等数据有一个直观的了解，并为行业管理部门做出如出租车调价、新车投放等决策提供辅助决策支持。

对于各公司来说，交通GPS综合应用平台的使用，可以防止类似项目在各管理部门、各运输企业中盲目、低水平地重复投资建设，减轻了企业负担，实现了资源共享，节约了巨额的社会投资和管理运营成本。运输企业可依托此平台，拓展业务的应用功能和范围，为社会提供高质量的外延服务，为自身和社会创造更大的经济效益（见图2-75~图2-81）。

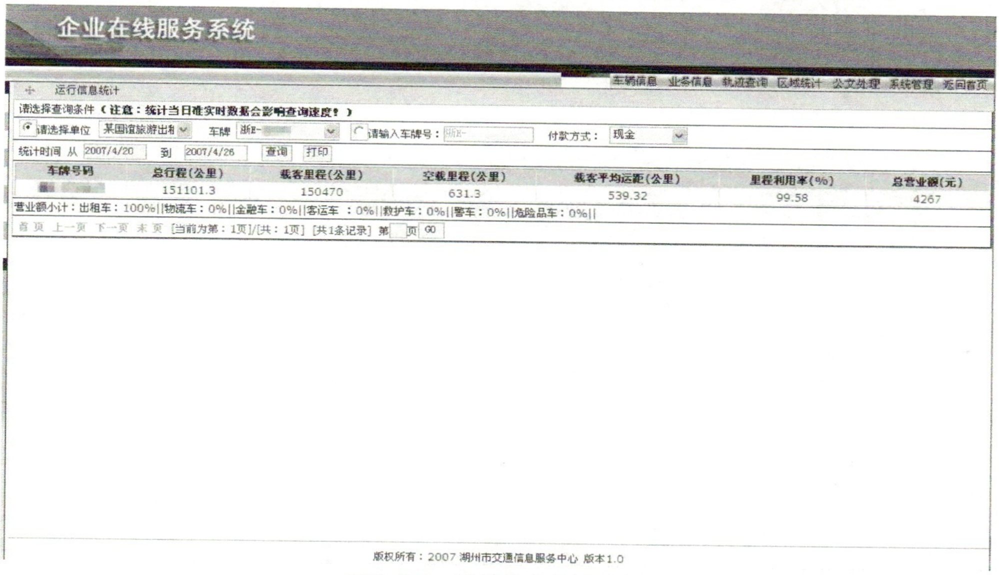

企业在线服务系统

车辆信息 业务信息 轨迹查询 区域统计 公文处理 系统管理 返回首页

运行信息统计

请选择查询条件（注意：统计当日准实时数据会影响查询速度！）

请选择单位 某国谊旅游出租 车牌 浙E- 请输入车牌号：浙E- 付款方式：现金

统计时间 从 2007/4/20 到 2007/4/26 查询 打印

车牌号码	总行程(公里)	载客里程(公里)	空载里程(公里)	载客平均运距(公里)	里程利用率(%)	总营业额(元)
	151101.3	150470	631.3	539.32	99.58	4267

营业额小计：出租车：100%||物流车：0%||金融车：0%||客运车 ：0%||救护车：0%||警车：0%||危险品车：0%||

首页 上一页 下一页 末页 [当前为第：1页]/[共：1页] [共1条记录] 第 页 GO

版权所有：2007 湖州市交通信息服务中心 版本1.0

图2-75 运行信息统计分析

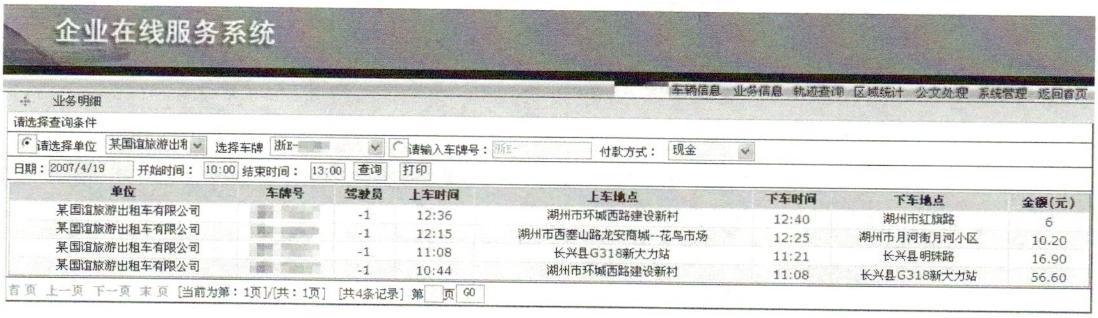

企业在线服务系统

车辆信息 业务信息 轨迹查询 区域统计 公文处理 系统管理 返回首页

业务明细

请选择查询条件

请选择单位 某国谊旅游出租 选择车牌 浙E- 请输入车牌号：浙E- 付款方式：现金

日期：2007/4/19 开始时间：10:00 结束时间：13:00 查询 打印

单位	车牌号	驾驶员	上车时间	上车地点	下车时间	下车地点	金额(元)
某国谊旅游出租车有限公司		-1	12:36	湖州市环城西路建设新村	12:40	湖州市红旗路	6
某国谊旅游出租车有限公司		-1	12:15	湖州市西塞山路龙安商城--花鸟市场	12:25	湖州市月河街月河小区	10.20
某国谊旅游出租车有限公司		-1	11:08	长兴县G318新大力站	11:21	长兴县明珠路	16.90
某国谊旅游出租车有限公司		-1	10:44	湖州市环城西路建设新村	11:08	长兴县G318新大力站	56.60

首页 上一页 下一页 末页 [当前为第：1页]/[共：1页] [共4条记录] 第 页 GO

图2-76 计价器数据上报情况

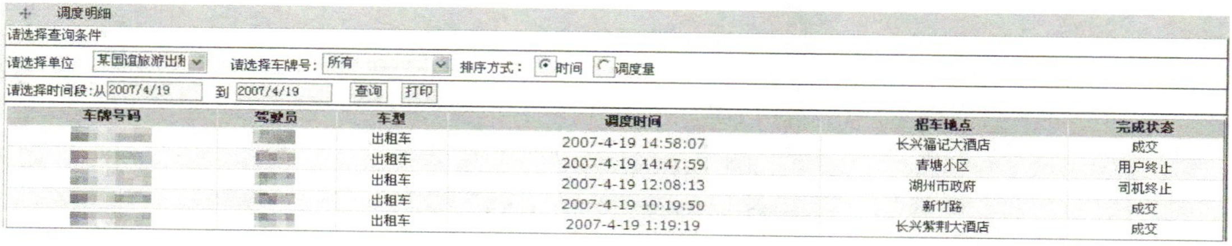

调度明细

请选择查询条件

请选择单位 某国谊旅游出租 请选择车牌号：所有 排序方式：时间 调度量

请选择时间段：从2007/4/19 到 2007/4/19 查询 打印

车牌号码	驾驶员	车型	调度时间	招车地点	完成状态
		出租车	2007-4-19 14:58:07	长兴福记大酒店	成交
		出租车	2007-4-19 14:47:59	青塘小区	用户终止
		出租车	2007-4-19 12:08:13	湖州市政府	司机终止
		出租车	2007-4-19 10:19:50	新竹路	成交
		出租车	2007-4-19 1:19:19	长兴紫荆大酒店	成交

图2-77 电话调度业务情况

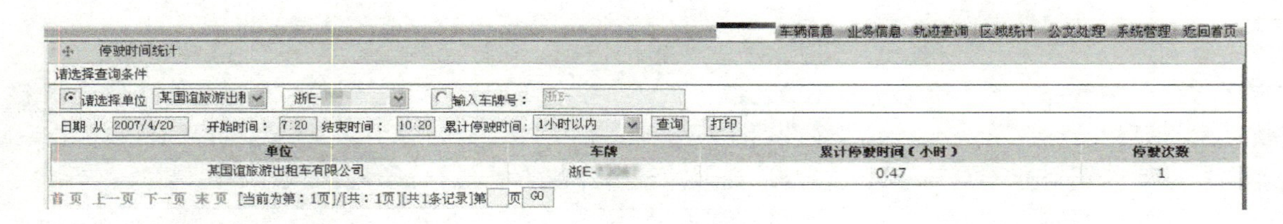

图2-78　停驶时间统计

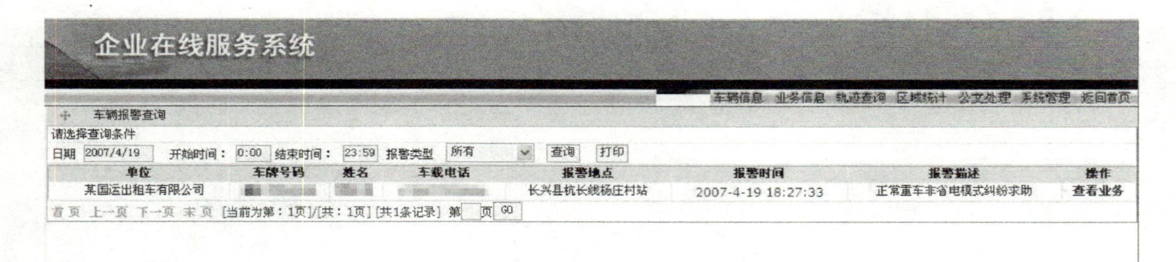

图2-79　车辆报警查询

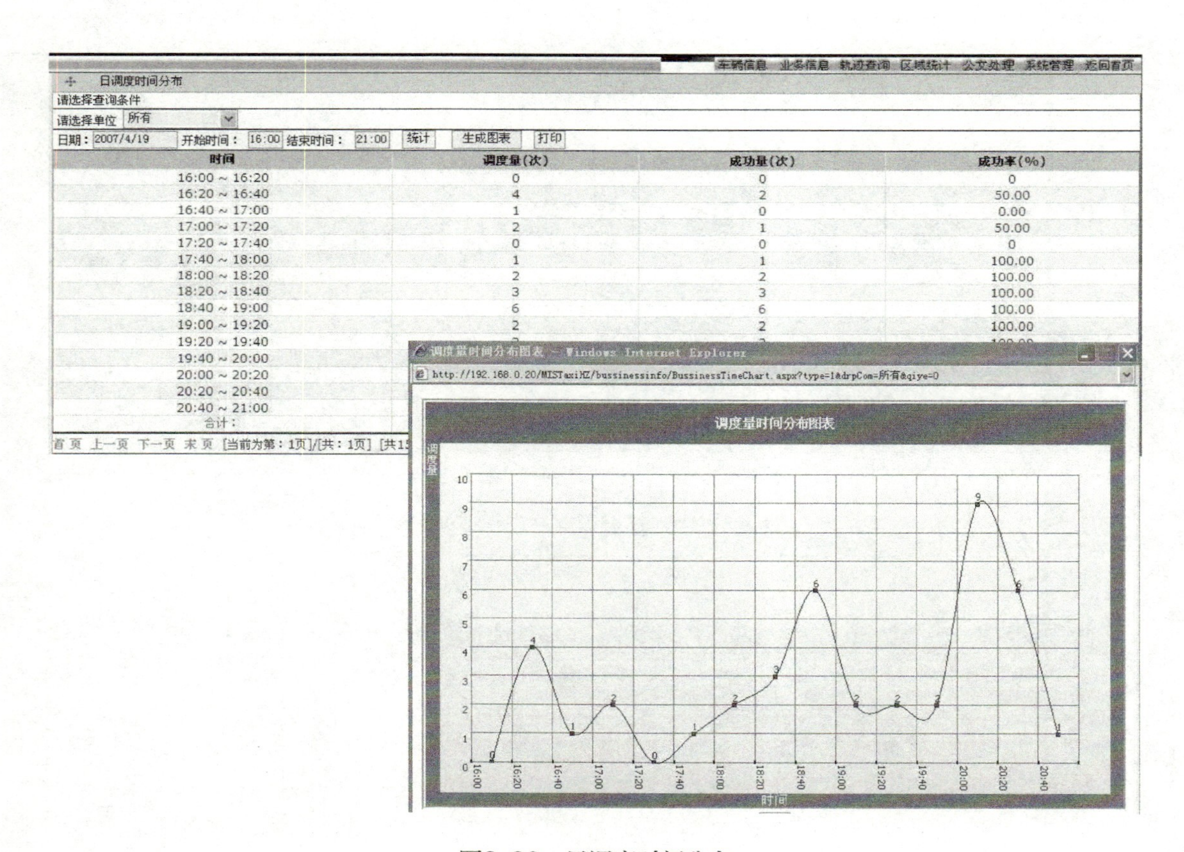

图2-80　日调度时间分布

车辆信息　业务信息　轨迹查询　区域统计　公文处理　系统管理　返回首页

车辆巡检

请选择巡检条件

日期 2007/4/20 查询

单位	车牌号码	车载电话	巡检日期	故障
测试组	Z-YW10	40125	2007-04-20 13:00:00	未定位
测试组	英迪-计价器	137	2007-04-20 13:00:00	未定位
长运二队		135	2007-04-20 13:00:00	未定位
长运二队		135	2007-04-20 13:00:00	未定位
长运三队		135	2007-04-20 13:00:00	未定位
长运三队		135	2007-04-20 13:00:00	未定位
长运三队		135	2007-04-20 13:00:00	未定位
长运三队		135	2007-04-20 13:00:00	未定位
长运一队		135	2007-04-20 13:00:00	未定位
长运一队		135	2007-04-20 13:00:00	未定位

首页　上一页　下一页　末页　[当前为第：1页]/[共：4页] [共条记录] 第　页 GO

图2-81　车辆巡检系统

有时乘客会将行李等物品不慎遗忘在出租车上，只要乘客能提供相应的乘车时间，上下车地点等信息，因此就能应用GPS定位系统为乘客进行查找（见图2-82）。

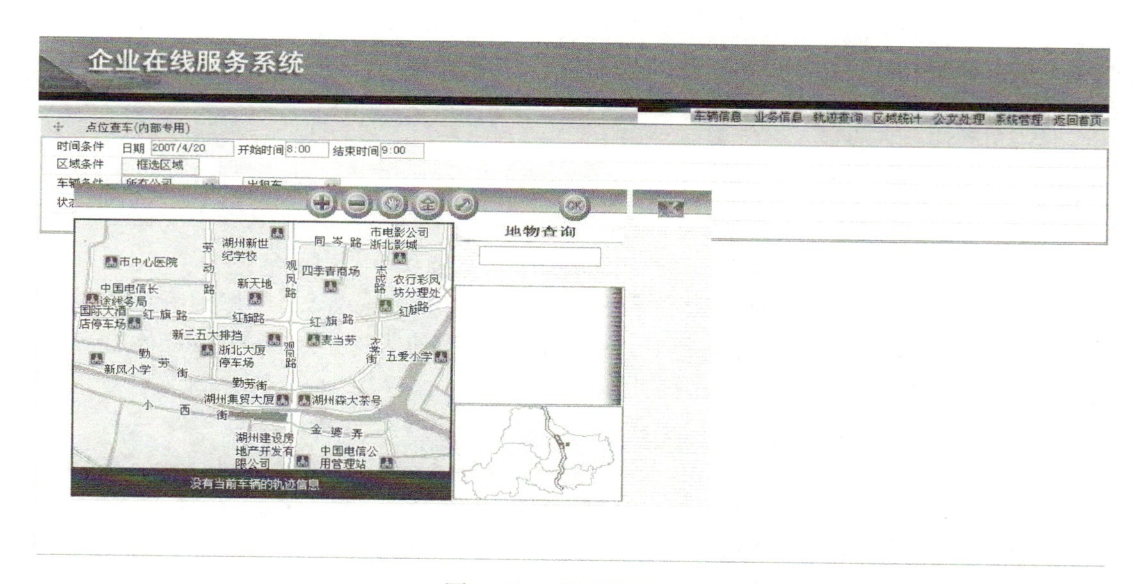

图2-82　区域查车功能

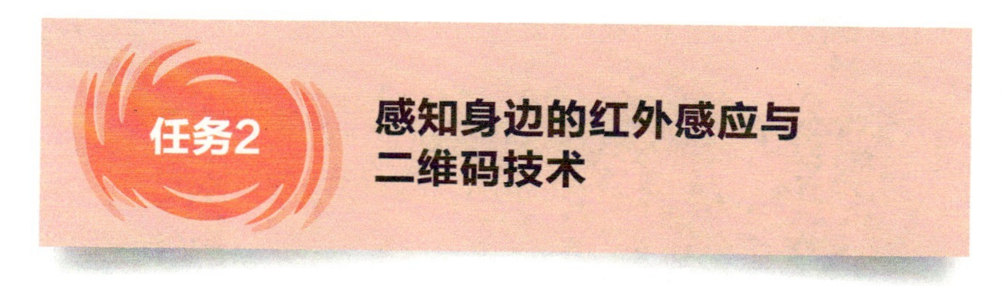

任务2　感知身边的红外感应与二维码技术

“红外感应”时刻都存在人们的生活中，为人们所熟悉。但是该设备运行的原理是什么？二维码技术时刻服务于大家的生活，读者对其相关知识了解多少？带着这些问题，一起学习下面的内容。

任务实施

步骤一

1. 实训：亲身感受智能楼道灯——红外线传感器，了解红外感应探测原理

2. 解读名词

红外线传感器：红外线传感器（见图2-83）是利用红外线的物理性质来进行测量的传感器。红外线又称红外光，它具有反射、折射、散射、干涉、吸收等性质。任何物质，只要它本身具有一定的温度（高于绝对零度），都能辐射红外线。红外线传感器测量时不与被测物体直接接触，因而不存在摩擦，并且具备灵敏度高、响应快等优点。

图2-83　红外线传感器

3. 课前准备

准备一套可拆装的红外线感应器，应包括光学系统、检测元件、转换电路三个基本组成器件。学生通过视、听、触直观认知。

步骤二：观察外观及内部，直观了解其结构组成

学生分3组进行讨论学习，观察红外感应实物，分别描述光学系统、检测元件、转换电路各部分的功能及特点。

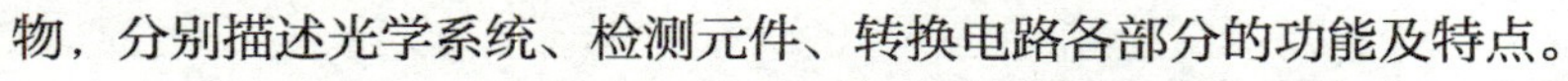

1）光学系统。光学系统按结构不同可分为透射式和反射式两类。一般使用菲尼尔透镜（见图2-84），将探测区域内分为若干个明区和暗区，使进入探测区域的移动物体能以温度变化的形式在PIR上产生变化热释红外信号。

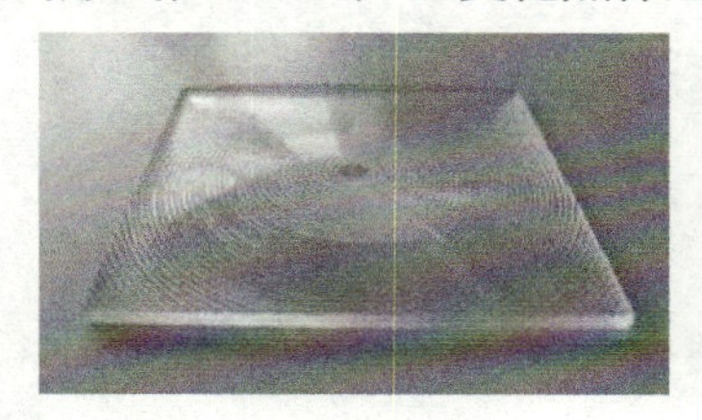

图2-84　透镜

2）检测元件。检测元件按工作原理可分为热敏检测元件（见图2-85）和光电检测元件（见图2-86）。

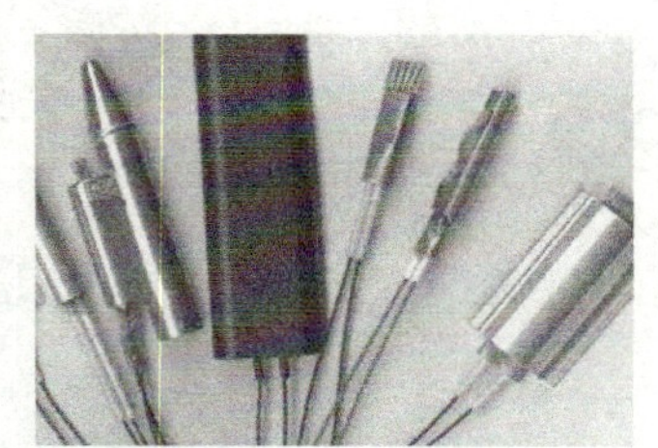

图2-85　热敏检测元件

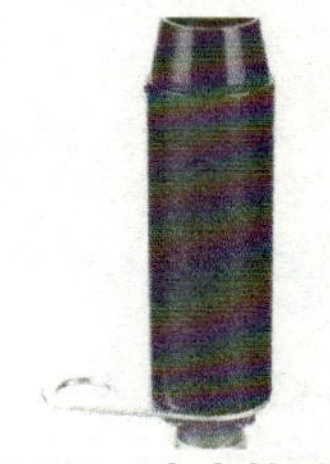

图2-86　光电检测元件

热敏检测元件采用最多的是热敏电阻。当热敏电阻受到红外线辐射时温度升高，电阻值发生变化，通过转换电路变成电信号输出。

光电检测元件常用的是光敏元件，通常由硫化铅、硒化铅、砷化铟、砷化锑、碲镉汞三元合金、锗及硅掺杂等材料制成。

3）转换电路（见图2-87）。传感器是一种能把物理量或化学量转变成便于利用的电信号的装置。例如，人体辐射的红外线通过菲尼尔滤光片增强后聚集到红外感应源——热释电元件（检测元件）上，这种元件在接收到红外辐射后温度发生变化就会失去电荷平衡，向外释放电荷，后续电路经检验处理后即接通电源。

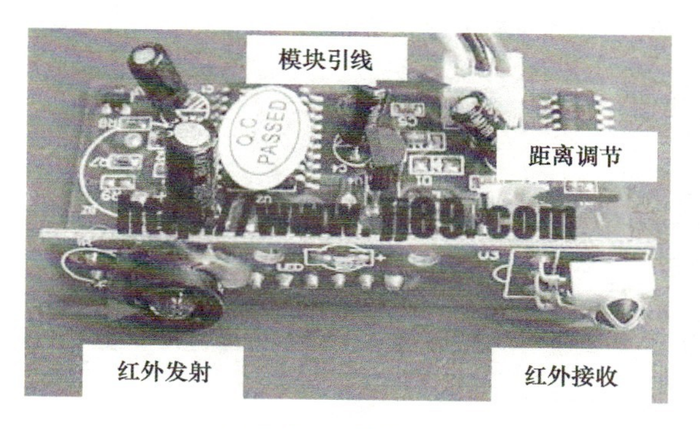

图2-87 转换电路

步骤三：红外感应的应用

红外线传感器常用于无接触温度测量、气体成分分析和无损探伤，在医学、军事、空间技术和环境工程等领域得到广泛应用。例如：

1）红外智能楼道灯。

2）采用红外线传感器可检测飞机上正在运行的发动机的过热情况。

3）利用人造卫星上的红外线传感器对地球云层进行监视，可实现大范围的天气预报。

除此之外，生活中还有很多红外感应的实例，如图2-88所示。

图2-88 红外感应的实例

步骤四：认识二维码

二维码是什么？二维码的概念，如图2-89所示。

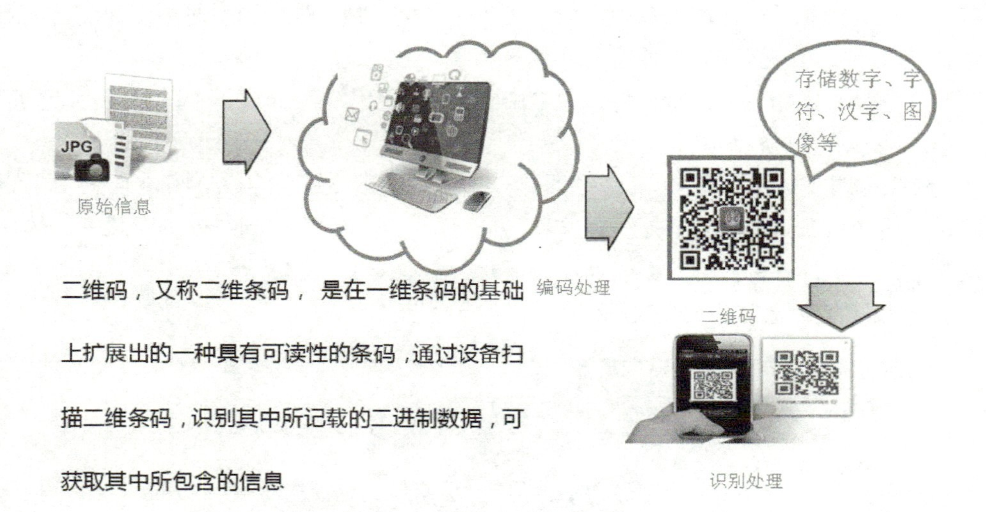

图2-89　二维码

二维码通常分为行排式二维条码和矩阵式二维条码两种类型。

二维码的应用功能主要有以下几类：

1）信息获取（名片、地图、Wi-Fi密码、资料）。

2）网站跳转（跳转到微博、手机网站、网站）。

3）广告推送（用户扫码，直接浏览商家推送的视频、音频广告）。

4）手机电商（用户扫码，手机直接购物下单）。

5）防伪溯源（用户扫码，即可查看生产地；同时后台可以获取最终消费地）。

6）优惠促销（用户扫码，下载电子优惠券，抽奖）。

7）会员管理（用户在手机上获取电子会员信息、VIP服务）。

8）手机支付（扫描商品二维码，通过银行或第三方支付提供的手机端通道完成支付）。

按照使用人群分类，二维码分别能干什么？

1）消费者。对消费者来说，使用二维码简单方便、可随时随地上网，资讯、娱乐、消费也更加便利。

2）政府/行业。公共服务更全面、更快捷，如城市交通、火车票等。

3）企业。新的营销通道更加精准，消费者行动导向更明确，如企业数据展示、企业推荐等。

4）媒体。传统媒体与新媒体结合，内容与服务结合，如广告投放等。

现在，一起看一看目前生活中哪里使用了二维码（见图2-90），请补充完整你在生活中对二维码运用的说明。

请将你知道的二维码特点在图2-91中补充完整。

二维码的主要特点包括编码范围广、编码密度高，信息容量大、成本低，易制作，持久耐用，容错能力强，具有纠错功能，译码可靠性高。

车辆管理

食品溯源

手机上网

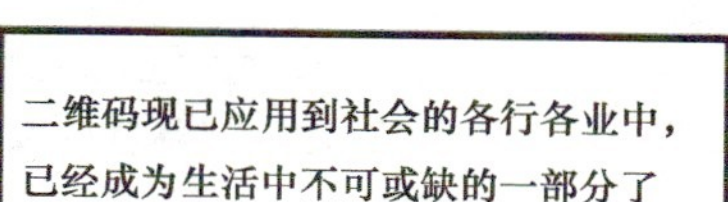

手机支付

数据防伪

个人名片

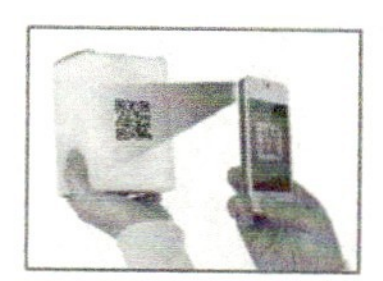

商品交易

图2-90　二维码在生活中的应用

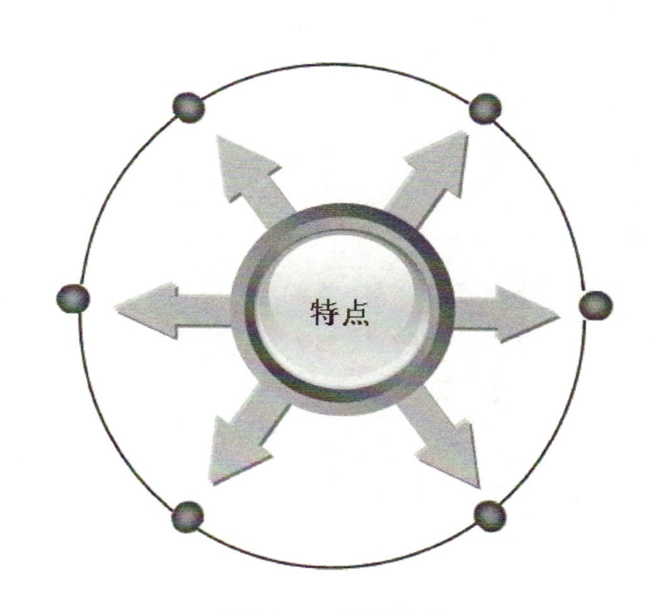

图2-91　二维码特点

二维码怎么用?

首先，准备一台智能手机，在手机上安装二维码，扫描客户端如微信、支付宝等。

主读型：使用手机拍摄并识别二维码图片，获取二维码所存储内容并触发相关应用。

被读型：将预留信息加密成二维码，并通过短信或彩信发至用户终端，用户使用时出示二维码，通过设备识读后作为交易或身份识别的凭证（见图2-92）。

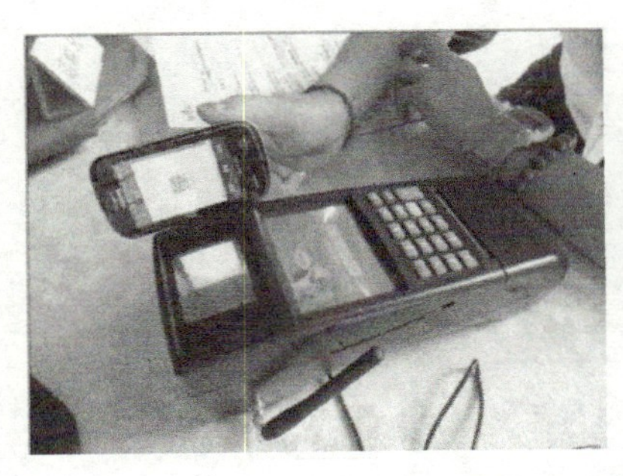

图2-92 二维码签到及二维码登机牌

知识链接

二维码小趣闻——世界上最大的二维码

世界上最大的二维码是加拿大的一对农民夫妇Kraay与Rachel在一块面积达10英亩（1英亩≈4 046m^2）的玉米地上种出来的，二维码的面积达到了2.8万m^2。而这块玉米地也被正式收录进了吉尼斯世界纪录，成为世界上最大的二维码（见图2-93）。

有一次，Kraay与Rachel在翻看杂志时看到上面有不少二维码，他们突发奇想，计划将自家农场的玉米地改造成二维码的形状。在设计师和技术工人的帮助下，他们完成了这幅创造世界纪录的巨幅“麦田”作品。该二维码中包含的信息就是自家农场的网站。有人在乘飞机路过的时候拿手机对着这块地一扫，就可以自动跳转到这家农场的网站。

图2-93 世界上最大的二维码

思考题

1）物联网中典型的感知技术有哪些？
2）什么是无线传感器网络？
3）ZigBee是什么？
4）RFID系统由哪几部分组成？各部分的主要功能是什么？
5）RFID系统中如何确定所选频率是否适合实际应用？
6）谈一谈公交卡充值扣费系统实施流程。
7）中国自主研发北斗定位卫星，查阅相关资料，进一步了解其动态。
8）请用二维码生成软件制作一份个人简历。

项目总结

本项目对GPS技术、红外线感应技术和二维码技术分别做了详细的讲解，通过案例、趣闻的学习，可以更深层次理解三大技术，也为学习物联技术打下基础。

进一步学习建议

学习主线一：RFID技术中有一个经典案例：探究不停车收费系统（ETC），该任务留给同学填写。

学习主线二：梳理本单元学习要点，通过框图进行知识点归纳。

学习主线三：拓展每个知识点的最新科技发展前沿。RFID、传感器、GPS、红外感应、二维码技术都是目前主流发展的重要技术，需要同学们不断学习。

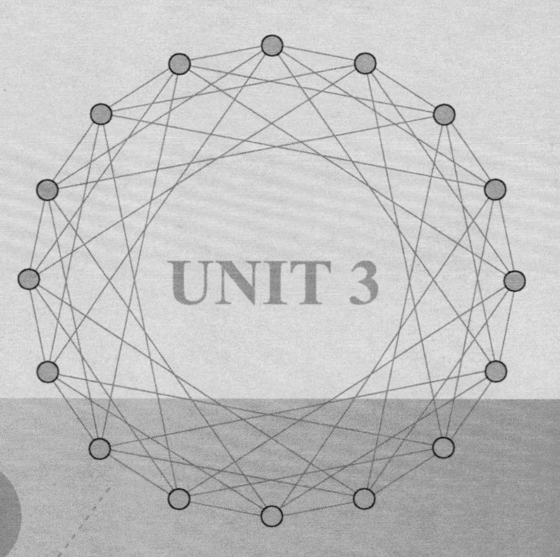

学习单元3

网络层——物联网的“神经中枢”

单元概述

物联网网络层位于物联网三层结构中的第二层，主要功能是传送信息。网络层作为纽带连接着感知层和应用层，它由各种私有网络、互联网、有线和无线通信网等组成，相当于人的神经中枢系统，负责将感知层获取的信息，安全可靠地传输到应用层，然后根据不同的应用需求对信息进行处理。通过对物联网网络层技术的学习，使学生初步了解物联网应用到的网络技术，为进一步学习打下基础。

学习目标

1）了解目前物联网应用中各种常见的网络技术。

2）了解常见的物联网系统网络结构。

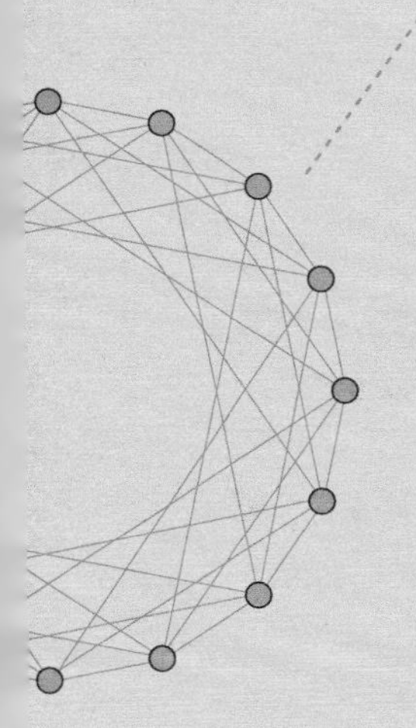

项目1 解读智慧校园

项目概述

智慧校园是近年来非常热门的词汇，它是在校园的各项设施，如教室、图书馆、餐厅、停车场、校门、实验室、会议室、校车、宿舍楼中嵌入各种传感器，将这些传感器连接起来，形成校园物联网。依靠服务器和云计算服务中心在物联网中部署各种软件应用系统平台，将网络与应用整合起来，为学校通信、教学工作、学习活动、管理工作提供各种服务。本项目会介绍几个智慧校园的实际应用，从而更深层次地了解什么是智慧校园。

项目目标

了解智慧校园包含哪些系统，整体框架结构，以及包含哪些物联网设备。

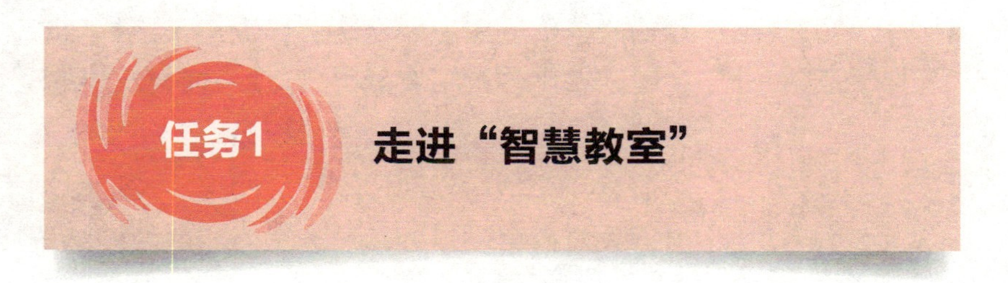

任务1 走进“智慧教室”

观察“智慧教室”系统，了解各个系统的功能和结构。

任务实施

步骤一：初识“智慧教室”建设方案及其产生背景

1. 智慧教室简介

智慧教室是基于物联网技术，将智慧教学、人员考勤、资产管理、环境智慧调节、视频监控及远程控制于一体的新型现代化智能教室系统，是一种新型的教育形式和现代化教学手段。

2. 智慧教室出现的背景

在现在的教学过程中，教师往往直接参与教学、管理的各个环节，这样就会在学生签到、疑问确认、提问互动、课堂测试等一系列环节上产生各种问题。这些传统的方式会导致测试结果难于统计且不准确，教师只能根据大致情况和自身的教学经验来判断是否进行其他教学环节；因为没有准

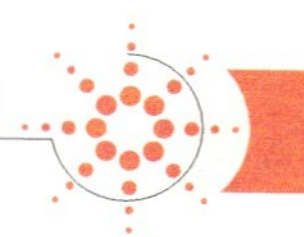

确的实际数据，更无法进行后期的数据挖掘和统计工作。由于现代化教学的需要，传统的教学方式已经不适应，利用基于物联网技术集成于现代教学体系，形成智慧教学、人员考勤、资产管理、环境智慧调节、视频监控及远程控制于一体的新型现代化智慧教室系统，将有更大的应用前景。

3. 建设方案

物联网的三个层次（感知层、网络层、应用层）能够完整地体现在智慧教室中，利用传感器、射频识别（RFID）等技术，通过传感设备实时获取所需要的各种信息，之后按照特定的协议，通过各种网络（基于Wi-Fi的无线局域网、移动通信、电信网等）接入方式，将任何物品与互联网连接，实现信息交换和通信，实现物与物、物与人的泛在链接，实现对物品的智慧化识别、跟踪、监控和管理。

利用网络互联设备（无线交换机）构建覆盖智慧教室的无线局域网，并和教室原有的有线网络交换机、网络路由器连接，从而建立物联网的网络层，通过网络层将各种传感器件通过标准模块Wi-Fi设备服务器（串口通信RS232转Wi-Fi无线网络）无线接入物联网工程信息平台，这样构成涵盖物联网三个层次的一个统一的物联网工程实验平台。同时，其他装有Wi-Fi模块的各种移动设备（笔记本式计算机、手机等）也能利用无线网接入该实验平台，成为物联网实验设备的一部分终端。师生教学、科研实践所需要的其他感知模块，通过与Wi-Fi设备服务器连接，也能接入该实验平台，从而完成测试、验证工作。服务器是该平台的计算中心，实现统一管理、实验室实验设备等管控，以及开展功能复杂的综合设计和科研项目。该服务器安装系统软件和物联网工程实验的服务器端软件，提供本地或远程访问服务，并实施对物联网实验的监控和设备管理。通过图3-1可以清楚地看到智慧教室总体框架。

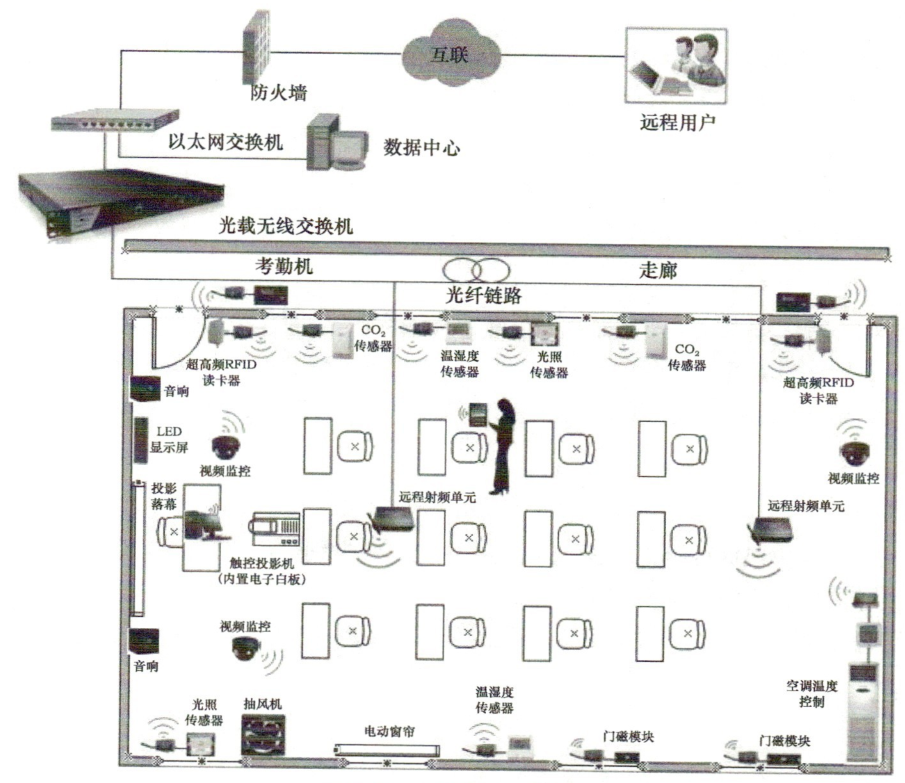

图3-1　智慧教室总体框图

步骤二：系统组成

智慧教室主要包括以下9个系统：

1. 教学系统

教学系统包括内置电子白板功能的组合黑板、触控投影机一体机、功放、音箱、无线麦克、拾音器、问答器和配套控制软件。整个系统可以有效代替传统的黑板教学，实现无尘教学，保护师生的健康，同时可在投影画面上操作计算机，在每个桌位上配置问答器，实现师生交互式课堂教学。

2. 显示系统

显示系统由LED面板构成，安装在教室的黑板位置，可以将课程名称、专业班级、任课教师、到课率，以及教室内各传感器采集的环境数据（室内温湿度、光照度、二氧化碳浓度等）显示在LED面板上。

3. 人员考勤系统

人员考勤系统由RFID考勤机、考勤卡和配套控制软件构成。通过在教室门口安装RFID考勤机，可以实现对采用RFID标签作为校园一卡通的学生进行考勤统计和身份识别。对合法的用户进行考勤统计，对非法用户进行告警。利用Wi-Fi无线网络，实现对考勤情况远程监控、统计以及存档打印等。

4. 资产管理系统

资产管理系统由超高频RFID读卡器、纸质标签、抗金属标签和配套控制软件构成。在教室、实验室门口安装一个超高频读卡器，将RFID标签贴在教室内的实验仪器、设备等资产上，同时将设备的详细信息存储在标签上，这样就可以实现对出入教室的设备的监控与管理，对未授权用户把教室内资产带出教室的行为进行告警，同时利用无线网络将告警信息发送给管理人员，方便设备管理人员对设备的统一管理。

5. 灯光控制系统

灯光控制系统由灯光控制器、光照传感器、人体传感器、窗帘控制系统和配套控制软件构成。通过人体传感器或者光照传感器来判断教室内对应位置是否有人或者光亮度是否合适，此位置无人或者光亮度足够，则灯光控制系统及窗帘控制系统处于关闭状态；反之，则打开灯光或窗帘。

6. 空调控制系统

空调控制系统由电源控制器、温湿度传感器和配套控制软件组成。利用温湿度传感器监测室内温度和湿度，实时传送到服务器，通过控制系统软件分析数据，当温湿度达到开启的限值时自动开启空调。当室内温湿度低于关闭限值时自动关闭空调，从而实现室内温湿度的自动控制。

7. 门窗监视系统

门窗监视系统由窗户门磁模块及配套控制软件组成。窗户的开关由窗户门磁模块控制，并

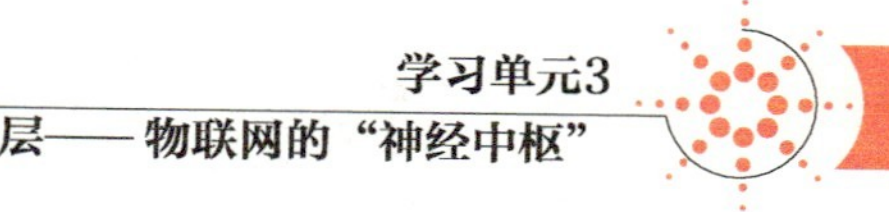

将窗户状态信息实时同步至服务器。通过设置特定时段，实施对窗户的自动监视和报警。设置用户权限来控制不同用户对特定门窗的开关权限。

8. 通风换气系统

通风换气系统由抽风机、CO_2传感器和配套监控软件构成。利用CO_2传感器可以实时获得室内CO_2的浓度，传送给监控软件进行数据分析。根据软件预设值，当室内CO_2浓度高于限值时自动开启抽风机来进行换气，降低室内CO_2的浓度。

9. 视频监控系统

视频监控系统由无线摄像头、有线摄像头和配套监控软件构成。视频监控可为安防系统、资产出入库、人员出入情况等提供查询依据。在教室、仓库前后门口各安装一个摄像头，可以监控人员出入和资产的出入情况；在教室内安装一个Wi-Fi无线摄像头，可以监控教室内部实时情况。所采集的影像经由远端射频单元传送至终端管理计算机，可提供实时的监控数据。

思考题

1）智慧教室的“智慧”体现在哪些方面?

2）以“通风换气系统”为例，CO_2传感器可以与抽风机联动控制，那么此过程的“采集数据”与“控制指令”是如何传输的?

了解建设背景，知晓建设方案，了解河道水质监测系统的结构。

任务实施

步骤一：初识水质监测系统

1. 河道水质监测系统简介

河道水质监测系统是将物联网技术运用于河道水质监测体系中，从而实现实时的水质情况监控、数据分析的监测系统，是一种新型的监控手段。

2. 河道水质监测系统的背景

为了彻底解决传统人工水质监测及现场总线监测方式在管理及应用上存在的布线困难、成本高等不足，采用物联网网络将智能水质传感器、无线传感器网络和监测数据库连接起来，形成物联网水质在线监测系统。通过分布式动态组网，实现大范围、24h不间断的监测，同时通过布设在河道中具有定位功能的无线传感器节点，能够侦测到污染源的情况，从而提高河道管理的效率。

步骤二：了解建设方案

系统采用三层结构，包括感知层、传输层和应用层。本系统的组成如图3-2所示。

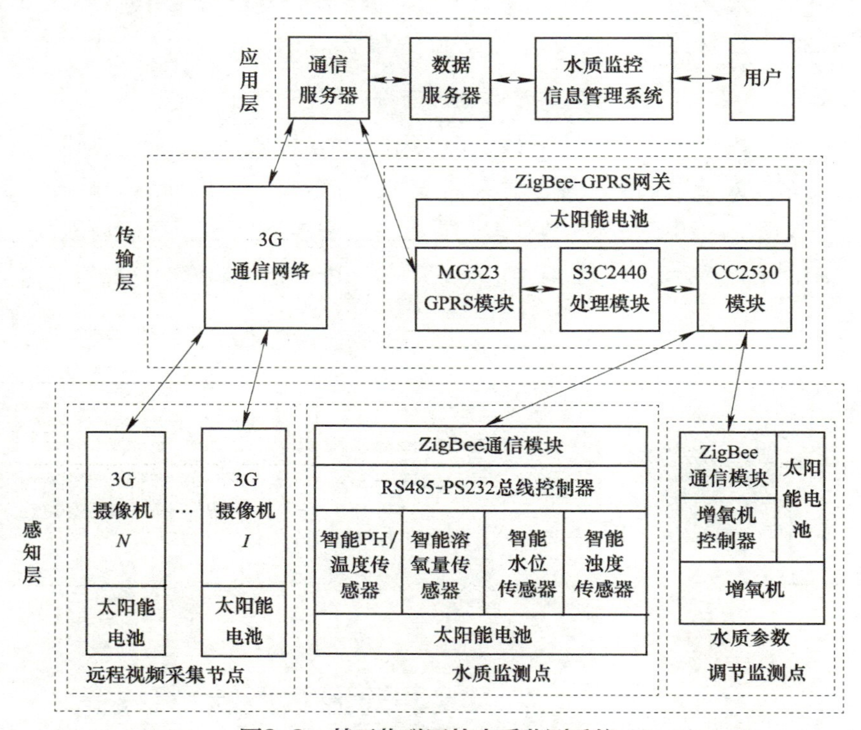

图3-2　基于物联网的水质监测系统

系统在河道布置多个水上传感器终端节点（水质参数采集终端、远程视频采集终端、水质参数调节终端、ZigBee无线模块、GPRS无线网关），然后通过水质参数采集终端实时采集pH值、水温、水位、溶氧量等水质参数，并通过ZigBee终端节点上传给无线网关的ZigBee接收端，再由后者经串口送入GPRS传送到服务器；同时通过网络摄像机采集水面视频信息，由3G方式送入（移动）服务器。运行于服务器上的信息管理系统将对数据进行统计、分析，并根据河道水质的要求实时预警、告警，自动下发控制指令到GPRS无线网关，然后由Zig Bee网络下发指令到水质参数调节节点，启动增氧机或pH值调节设备或者水泵等，实时调节用水参数。管理人员则可通过个人计算机、平板电脑或iPad等方式获取实时水质数据，并对终端设备进行远程控制。

思考题

1）增氧机在什么情况下会自动开启？

2）用户是如何实现可“远程查看水质参数”的？

了解背景，知晓建设方案，了解花园智能灌溉系统的结构。

任务实施

步骤一：初识智能灌溉系统

将物联网技术与自动灌溉技术相结合，使传统的灌溉技术日益走向智能化、精准化、可控化，以满足现代农业对灌溉系统管理的灵活、准确和快捷的要求。

智能灌溉系统可以大幅度提高水资源的利用效率，节约淡水资源。随着社会的进步和技术的不断发展，灌溉技术也逐步从手动灌溉、自动定时定量灌溉发展到依靠中央控制系统的智能灌溉。通过表3-1可以看到三种灌溉系统的技术特点。

表3-1　三种灌溉技术对比

手 动 灌 溉	自动定时定量灌溉	中央控制智能灌溉
自动化程度低，全凭人工经验灌溉。手动灌溉随意性大，因控制人员责任心而异	人工编程，自动定时定量灌溉，比较精确灌溉供水，大大提高灌溉效率，较手动灌溉可节省约20%的用水量	依据宏瑞气象站点的实时数据计算ET值，根据ET值动态调整自动灌溉程序，最大限度满足植物需水 同时可连接多种传感设备：如雨量、温度、流量、土壤含水量等，来实时辅助修正灌溉程序 较自动定时定量灌溉相比，节水30%左右

步骤二：知晓建设方案

系统在需要灌溉的地点布置多个喷头，每个喷头有一个电磁阀来控制开关，将这些喷头分组然后通过控制模块来控制电磁阀。这些控制模块通过GPRS与中央控制服务器连接，接受中央服务器的指令，实现灌溉实时控制功能。系统同时依靠各种传感器自动采集各种环境参数，包括温度、湿度、风速、雨量。这些传感器同样依靠GPRS或者CDMA等无线网络与中央控制服务器连接。这样中央控制服务器可以根据当时的环境来实时调整灌溉的时长、开始时间、水量大小等灌溉参数。同时，管理人员则可通过PC、平板电脑或iPad等方式获取实时数据或远程控制。自动灌溉结构图如图3-3所示。

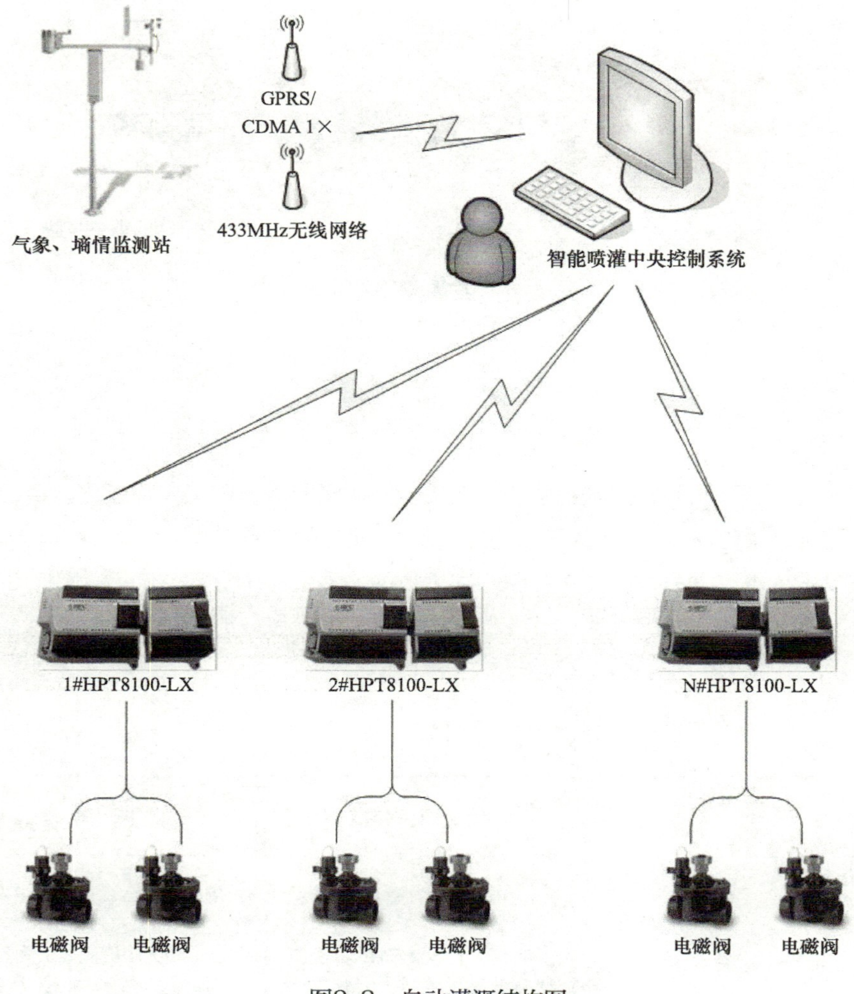

图3-3　自动灌溉结构图

思考题

1）智能灌溉系统的系统结构是怎样的?

2）本系统中所使用的传输网络是有线类型还是无线类型的?

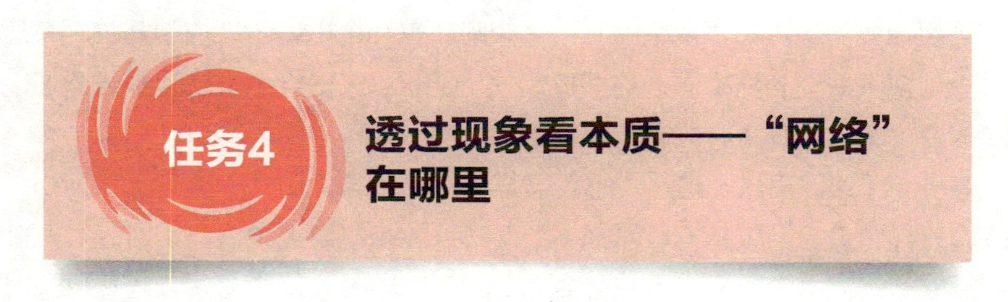

任务4　透过现象看本质——“网络”在哪里

了解各种常用网络技术，以及物联网相关网络技术。

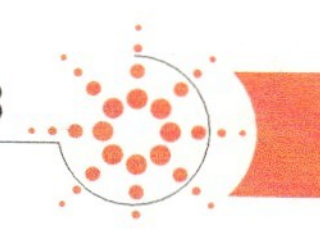

任务实施

通过以上的实例不难发现，这些物联网系统一般都可以分为三层，分别是应用层、网络层、感知层。物联网结构图如图3-4所示。网络层作为连接应用层和感知层的纽带，是终端数据上传到服务管理平台并能通过服务平台获取数据的传输通道。

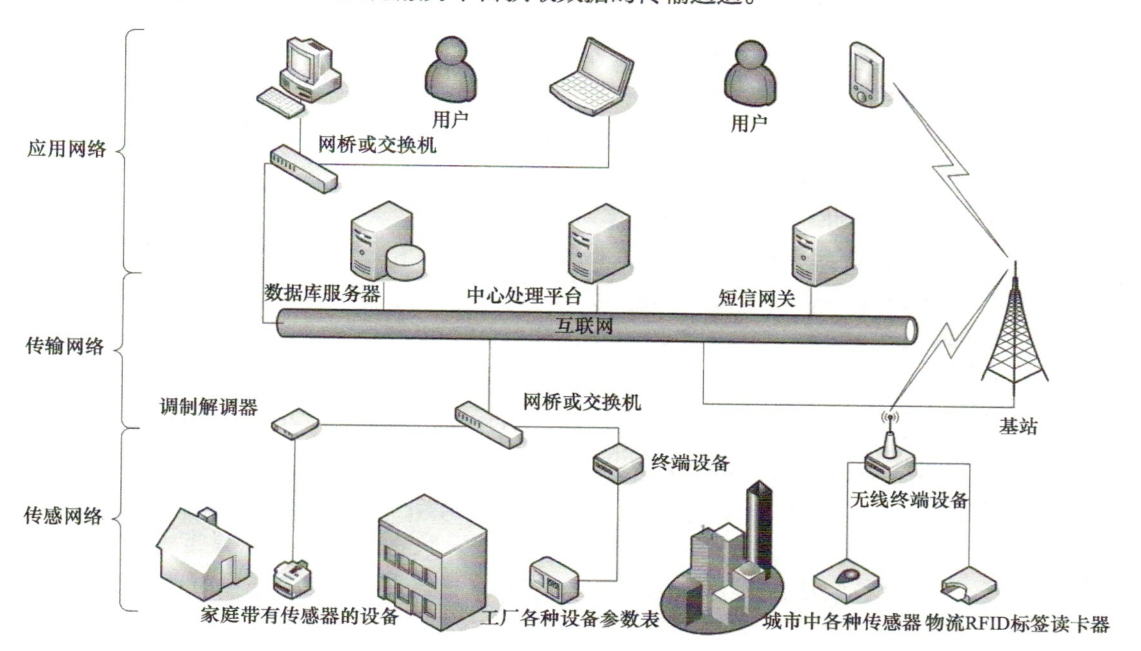

图3-4　物联网结构图

网络层是由各种私有网络、互联网、有线通信网、无线通信网、管理网络等网络系统组成，是物联网的基础，主要功能是负责信息传递和处理感知层获取的信息。网络层是物联网数据传输的通道，通过网络数据链路，将传感器和终端检测到的数据、获取的信息上传到管理平台，同时将接收管理平台的数据发布到各个扩展功能节点上。物联网网络层是终端的数据与互联网平台数据的交换通道，是物联网数据与互联网数据交换的中间载体。

下面，简单介绍几种常用的网络介质：

1. 以太网、宽带网

以太网和宽带网是互联网的主要接入形式，也是物联网传输的主要通信载体。在物联网网络中，终端可以通过集成的以太网接口接入到网络，这种网络特点是继承了以太网和宽带网的大数据量和低延迟，可以用于传输大数据量的文件信息和流媒体信息。但这种接入形式，受限于应用网络，在许多不便布置以太网和宽带的地方，使用受到限制。

2. GPRS/CDMA/3G无线网络

作为移动无线网络，GPRS/CDMA/TD是成为未来物联网中主要的移动通信载体，因为其无须布线、容易布置，且可在流动的情况中进行工作，可将其大量应用在各种需要移动数据传输和不适合以太网布线的野外场合。但这种网络由于无线交换的技术特点，具有一定的延时，同时带宽有限，适合用在实时性要求不高、数据量不大的场合。

3. WLAN无线网络

WLAN无线网络是以太网、宽带网的技术末端延伸，属于区域内的无线网络，它兼有以太网和宽带网的优点，又具备GPRS/CDMA/TD等网络的部分无线功能。但是，WLAN无线网络的作用范围受限于无线路由的信号范围，又受限于以太网、宽带网的物理接入，因此，一般应用在宽带网络接入的末端且不适宜布线的场合，同时作为以太网、宽带网的重要补充。

4. 无线蓝牙网络

蓝牙技术是一种低成本、短距离的无线个人网络传输技术，其主要目标是提供一个符合标准的、全世界通行的无线传输环境，通过无线电波来实现各种移动设备之间的信息传输。这些移动设备包括数字照相机、手机、iPad、笔记本式计算机、打印机等。蓝牙收发信机是采用跳频扩谱技术，根据蓝牙规范1.0B规定，在2.4～-2.4835 GHz ISM频带上以1600跳/s的速率进行跳频，这样可以得到1MHz带宽的信道79个。除了采用跳频扩谱的低功率传输技术外，蓝牙还采用了鉴权和加密等措施，从而提高通信的安全性。

5. ZigBee无线网络技术

ZigBee是基于IEEE802.15.4标准的低功耗个域网协议。基于此协议规定的技术是一种短距离、低功耗的无线通信技术。ZigBee这一名称来源于蜜蜂的八字舞，由于蜜蜂（bee）是靠飞翔和“嗡嗡”（zig）地抖动翅膀的“舞蹈”来与同伴传递花粉所在方位信息，也就是说蜜蜂依靠这样的方式构成了群体中的通信网络。其技术特点是距离近、复杂度低、自组织、功耗低、高数据速率、成本低。因为这些技术特点主要适合用于远程控制和自动控制领域，并可以嵌入各种设备。简而言之，ZigBee就是一种价格便宜的、功耗低的近距离无线组网通信技术。

思考题

物联网常用的网络技术有哪些？

项目总结

通过对三个物联网实例的分析，特别是通过对网络结构和网络技术的介绍，使学生对物联网网络层技术有了基本了解，认识到网络层技术是物联网系统中的重要基础。

项目2　智慧校园之无线个域网

项目概述

无线个域网（Wireless Personal Area Network，WPAN）是为了实现活动半径小、业务类型丰富、面向特定群体、无线无缝的连接而提出的新兴无线通信网络技术，是物联网网络中的重要组成部分，能够有效地解决“最后的几米电缆”的问题，进而将无线联网进行到底。

项目目标

了解无线个域网的相关技术和知识。

了解蓝牙的组网方式。

任务实施

步骤一：蓝牙技术简介和特点

1. 蓝牙技术简介

蓝牙（Bluetooth）技术，是一种包括无线数据与语音通信技术的开放性技术规范，实现低成本的短距离无线数据通信。蓝牙技术的最初方案是由爱立信公司在1994年提出的，此方案是创造一组统一的标准化协议应用与通信设备之间的通信，解决不同终端用户间互不兼容的无线通信。在1998年5月，由爱立信、诺基亚、东芝、IBM和英特尔公司五家著名厂商，在联合开展短程无线通信技术的标准化活动时提出了蓝牙技术，之后迅速被各个厂商采纳，从而在全球范围内掀起了一股“蓝牙”热潮，之后大量的蓝牙产品进入市场。

2. 蓝牙技术的特点

蓝牙是一种短距离无线通信的技术规范，它最初的目标是为现有的个人掌上电脑、手机等各种数字终端设备提供无线网络。在规范制定之初，就建立了统一的目标，向全球公开发布。工作频段为全球统一开放的2.4GHz，应用于工业、科学和医学频段。从当前的应用来看，由于蓝牙体积小、功率低，其应用已经不再局限于作为计算机外部设备，还可以被集成到任何数字终端设备之中，尤其是那些对数据传输速率要求不高的移动和便携设备。

蓝牙技术的主要特点可归纳为如下8点：

1）蓝牙工作在2.4GHz的免费ISM频段，使用该频段无须申请许可证和缴纳费用，大大降低了蓝牙产品的成本。

2）可实现语音、数据、视频的数字传输。蓝牙采用电路交换和分组交换技术，支持异步数据信道、三路语音信道以及异步数据与同步语音同时传输的信道。每个语音信道数据速率为64Kbit/s，语音信号编码采用脉冲编码调制（Pulse Code Modulation，PCM）或连续可变斜率增量调制（Continously Variable Slope Delta Modulation，CVSD）方法。当采用非对称信道传输数据时，速率最高为721Kbit/s，反向为57.6Kbit/s；当采用对称信道传输数据时，速率最高为342.6Kbit/s。

3）可以建立临时性的对等连接（Ad-hoc Connection）。通过蓝牙网络连接的设备可分为主设备（Master）与从设备（Slave）。主设备是发起组网连接请求的蓝牙设备，通过蓝牙设备连接组成的网络，一般只有一个主设备，其余的均为从设备。

4）具有较好的抗干扰能力。蓝牙采用了跳频（Frequency Hopping）方式来扩展频谱（Spread Spectrum），将2.402～2.48GHz频段分成79个频点，相邻频点间隔1MHz。蓝牙设备在某个频点发送数据之后，再跳到另一个频点发送，而频点的排列顺序则是伪随机的，每秒钟频率改变1600次，每个频率持续625μs。通过这些技术方式极大地提高了设备的抗干扰能力。

5）蓝牙模块由于体积小、方便集成，其内部的蓝牙模块非常适合嵌入对体积有较大限制的个人移动终端设备。

6）功耗低。蓝牙设备在连接（Connection）状态下，分为四种工作模式，分别是激活（Active）模式、呼吸（Sniff）模式、保持（Hold）模式和休眠（Park）模式。激活模式是正常的工作模式，另外三种模式是低功耗模式，符合节能规定。

7）接口标准开放。由于蓝牙的技术标准是全部公开，全世界范围内的任何个人和单位都可以进行蓝牙产品的应用开发，只要产品能最终通过蓝牙产品兼容性测试，就可以推向市场。

8）成本低。由于市场需求的增大，各个厂商都不断推出自己的蓝牙芯片和模块，并持续发展更新产品，使蓝牙产品价格飞速下降。

蓝牙技术指标和系统参数，见表3-2。

表3-2　蓝牙技术指标和系统参数

工作频段	ISM频段，2.402～2.480GHz
双工方式	全双工，TDD时分双工
业务类型	支持电路交换和分组交换业务
数据速率	1Mbit/s
非同步信道速率	非对称连接721/57.6Kbit/s，对称连接432.6Kbit/s
同步信道速率	64Kbit/s
功率	美国FCC要求<0dBm（1mW），其他国家可扩展为100mW
跳频频率数	79个频点/MHz
跳频速率	1600次/s
工作模式	PARK/HOLD/SNIFF
数据连接方式	面向连接业务SCO，无连接业务ACL
纠错方式	1/3FEC，2/3FEC，ARQ
鉴权	采用反应逻辑算术
信道加密	采用0位、40位、60位密钥
语音编码方式	连续可变斜率调制CVSD
发射距离	一般可达10cm～10m，增加功率的情况下可达100m

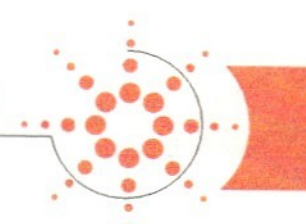

步骤二：蓝牙组网方式

蓝牙系统一般采用无基站的组网方式，这种组网可以使得一个蓝牙设备可同时连接最多达七个蓝牙设备。图3-5所示蓝牙系统的网络拓扑结构有两种形式：微微网（piconet）和分布式网络（Scatternet）。

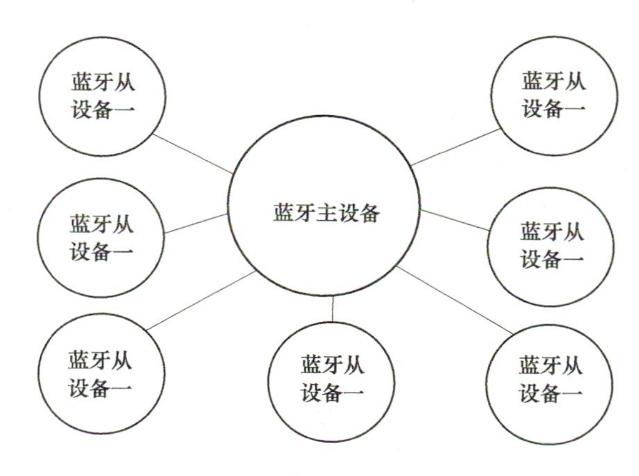

图3-5　蓝牙组网示意图

1．微微网

微微网是利用蓝牙技术以特定方式连接起来的一种微型网络，一个微微网最少要有两台互相连接的设备，如一台便携式计算机和一部手机连接。微微网最多支持八台设备连接在一起。在一个微微网中，所有设备级别是相同的，权限也是一样的。蓝牙采用自组网方式、微微网由主设备单元和从设备单元构成，主设备单元只有一个，它直接发起链接，从设备单元最多可以有七个。其中主设备单元负责提供时钟同步控制信号和跳频序列，从设备单元一般是接受主设备单元的控制。

这种模式最广泛简单的应用就是蓝牙手机与蓝牙耳机之间的通信，手机与耳机间依靠蓝牙组建一个简单的微微网，手机作为主设备，而耳机充当从设备。同样在两个蓝牙手机间也可以直接使用蓝牙功能，进行无线的数据传输。另外一个常用的例子就是PC可以是一个主设备单元，从设备单元一般是受控同步的各种外部设备，如无线键盘、无线鼠标和无线打印机等。

利用微微网的原理可以组建无线局域网，同样组网的无线终端设备不能超过七台。组建无线局域网有两种方式：一种是PC对PC组网；另一种是PC对蓝牙接入点组网。

在PC与PC组网模式中，一台PC通过有线网络接入互联网，之后利用蓝牙适配器使之作为互联网共享代理服务器，另外一台PC通过蓝牙适配器与代理服务器组建蓝牙无线网络，充当一个客户端，从而实现无线连接，共享上网的目的。这种方案是在家庭蓝牙技术组网中最具有代表性和最普遍采用的方案，具有很大的便捷性。

PC与蓝牙接入点的组网模式中，蓝牙网关即蓝牙接入点，通过与宽带接入设备相连接入到互联网中。使用蓝牙接入点来发射无线信号，与各个带有蓝牙适配器的终端设备互相连接，从而组建一个无线网络，实现所有终端设备的共享上网。终端设备可以是有蓝牙无线设备的PC、手机、iPad等，但是整个网络终端接入数量不能超过七台。这种方案适用于公司企业组建小型无线办公系统。

2. 蓝牙分布式网络

蓝牙分布式网络是由多个独立的非同步的微微网组成的，以特定的方式连接在一起。一个微微网中的主设备单元同时也可以作为另一个微微网中的从设备单元，这种设备单元又称为复合设备单元。蓝牙独特的组网方式赋予了它无线接入的强大生命力，同时可以有七个移动蓝牙用户通过一个网络节点与互联网相连。它靠跳频顺序识别每个微微网。同一微微网所有用户都与这个跳频顺序同步。

蓝牙分布式网络是自组网的一种特例。其最大特点是可以无基站支持，每个移动终端的地位是平等的，并可独立进行分组转发的决策，其建网灵活性、多跳性、拓扑结构动态变化和分布式控制等特点是构建蓝牙分布式网络的基础。

步骤三：蓝牙的应用

蓝牙技术由于低成本、小规模、短距离等优点目前已经广泛地应用于生活、工作、娱乐等各个方面。在生活中：鼠标、键盘、打印机、膝上型计算机、耳机和扬声器等均可以用蓝牙技术同个人计算机无线连接，人们可以依靠蓝牙技术从照相机、手机、膝上型计算机向电视或其他终端发送照片、视频以与朋友共享。利用蓝牙耳机可以实现同手机的无线连接，即使在驾驶中也能方便接听电话。在医疗传感网络方面，蓝牙被大量地应用于便携式心电图、血压计、体温计、血糖仪等方面。

思考题

1）蓝牙技术的特点有哪些?

2）蓝牙可以组成哪些类型的网络?

任务2 走近ZigBee网络技术

了解ZigBee网络的组网方式。

任务实施

步骤一

1. ZigBee概述

ZigBee是一种低速短距离传输的无线网络技术。ZigBee的协议从下到上分别为物理层（PHY）、媒体访问控制层（MAC）、传输层（TL）、网络层（NWK）、应用层（APL）等。其中物理层和媒体访问控制层遵循IEEE 802.15.4标准的规定。

ZigBee网络的主要特点有低功耗，低成本，低速率，支持大量节点，支持多种网络拓扑，低复杂度，快速，可靠，安全。主要应用在工业监控、远程控制、传感器网络等方面，主要是实现小型设备的无线网络和控制。ZigBee工作在2.4GHz，866MHz，915MHz这三个

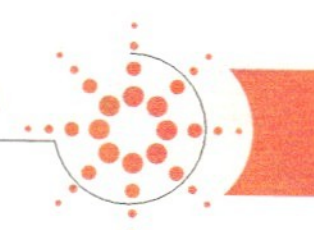

频段。ZigBee网络设备可分为协调器（Coordinator）、汇聚节点（Router）、传感器节点（EndDevice）三种角色。ZigBee的网络布局如图3-6所示。

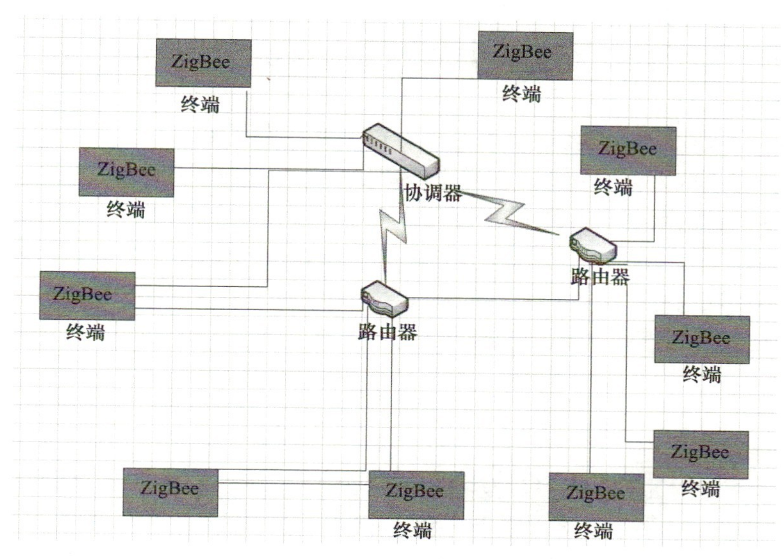

图3-6　ZigBee的网络布局

ZigBee作为短距离无线通信技术的一种，由于其可以相当便捷地为用户提供无线数据传输的优点，因此在物联网领域中具有非常强的可应用性。

2. ZigBee的特性

1）低功耗。待机模式下耗电极低，只用两节5号干电池即可支持1个节点工作6～24个月，甚至更长。这是ZigBee的重要突出优势。同样的电量只够蓝牙工作数周、Wi-Fi仅可工作数小时。

2）低成本。由于协议被大幅简化（不到蓝牙的1/10），从而降低了对通信控制器的硬件要求，而且ZigBee是免协议专利费。每块芯片的价格大大降低，仅约为2美元。

3）低速率。ZigBee工作在20～250Kbit/s的速率，分别提供250Kbit/s（2.4GHz）、40Kbit/s（915 MHz）和20Kbit/s（868 MHz）的原始数据吞吐率，满足低速率传输数据的应用需求。

4）近距离。传输范围一般为10～100m，增加发射功率后，可以增加到1～3km。这样相邻节点间的距离就可以增加到1～3km。如果通过路由和节点之间进行通信的接力，那么传输距离可以更远。

5）短时延。ZigBee的响应速度快，从睡眠模式转入工作模式只需15ms，节点连接进入网络也只需30ms。和其他无线连接相比，蓝牙需要3～10s、Wi-Fi需要3s，明显时延较短。

6）高容量。ZigBee可以采用星形、片状和网状网络结构，一个主节点管理多个子节点，一个主节点最多可管理254个子节点；同时主节点还可被上一层网络节点管理，最多可组成65 000 个节点的大网。

7）高安全。ZigBee具有三级安全模式，包括无安全设定、使用访问控制列表（Access Control List, ACL）防止非法获取数据以及采用高级加密标准（AES 128）的对称密码，以灵活确定其安全属性。

8）采用免执照频段。其使用工业科学医疗（ISM）频段、915MHz（美国）、868MHz（欧洲）、2.4GHz（全球）。

由于此三个频带物理层并不相同，其各自信道带宽也不同，分别为0.6MHz、2MHz和5MHz，分别有1个、10个和16个信道。

这三个频带的扩频和调制方式也有区别。扩频都使用直接序列扩频（DSSS），但从比特到码片的变换差别较大。调制方式都用了调相技术，但868MHz和915MHz频段采用的是BPSK，而2.4GHz频段采用的是OQPSK。

在发射功率为0dBm的情况下，蓝牙通常能有10m的作用范围。而ZigBee在室内通常能达到30～50m的作用距离，在室外空旷地带甚至可以达到400m（TI CC2530不加功率放大器）。

所以ZigBee可归为低速率的短距离无线通信技术。

步骤二

1. ZigBee网络结构

在ZigBee网络中的各个节电，按照功能进行区分，可以分为三类节电：协调器、路由器、终端。一个ZigBee网络由一个协调器、多个路由器和终端组成。接下来简单介绍下面这三类结点。

协调器主要用来建立和配置网络，当网络建立完成时，网络的操作就可以不再依赖协调器，这个时候协调器就相当于一个路由器。协调器是依靠信道和网络标识来绑定和建立网络的，同时还可以建立安全机制。

路由器主要用来实现网络数据转发，实现多跳通信，辅助其他节点通信，同样也可以作为普通设备。

终端主要用来完成用户的各种功能，如数据收集、设备控制，是整个网络的最末端。

ZigBee的网络结构主要有三类、星形网络、树形网络、网状网络。网络结构如图3-7所示。

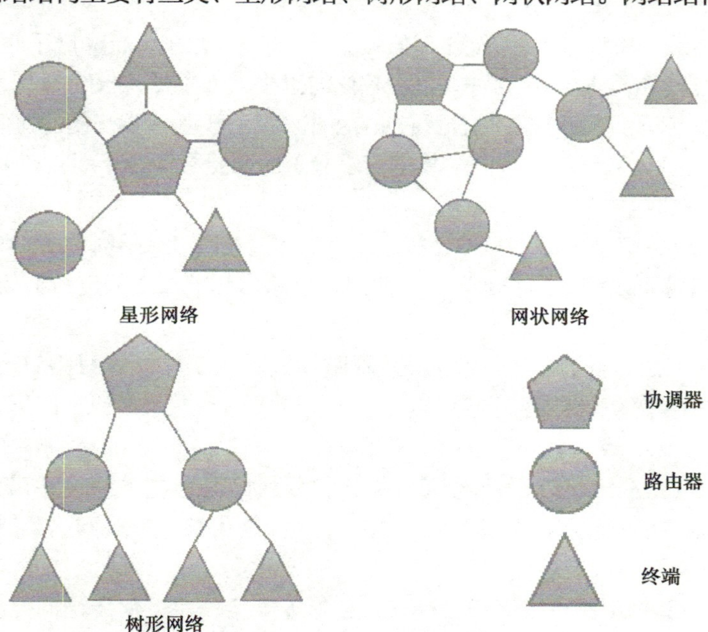

图3-7　网络结构

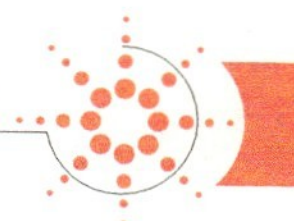

在星形网络中，协调器和路由器终端相连，终端必须通过协调器进行通信。

在树形网络中，协调器是整个网络的根节点，依靠路由器向终端延展。

在网状网络中，除终端以外，一个协调器和多个路由器相连组成了一个网络。终端只能和一个路由或者协调器连接。

在这三种网络中，网状网络是使用最广泛的，它有较高的冗余能力，一个设备出现问题并不影响网络的正常使用。而星形网络，当协调器出现问题时，网络就要瘫痪。在树状网络中，任何父节点出现故障都将使子节点无法接入网络。所以实际工业现场都采用网状网络，因为各种原因，往往并不能保证每一个无线通道都能够始终畅通，就像城市的街道一样，可能因为车祸，道路维修等，使得某条道路的交通出现暂时中断，此时由于有多个通道，车辆仍然可以通过其他道路到达目的地。而这一点对现场控制而言则非常重要。

2. ZigBee组网通信方式

ZigBee技术所采用的自组织网，也就是在网络模块的通信范围内，通过彼此自动寻找，很快就可以形成一个ZigBee网络。即使节点位置发生改变，模块还可以通过重新寻找通信对象，确定彼此间的联络，对原有网络进行刷新。彼此间的网络不会中断。自组织网结构如图3-8所示。

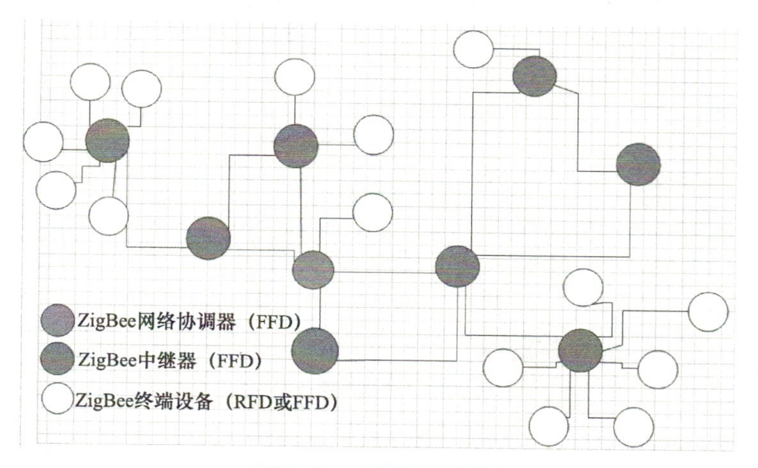

图3-8　自组织网结构

自组织网采用动态路由。所谓动态路由是指网络中数据传输的路径并不是预先设定的，而是传输数据前，通过对网络当时可利用的所有路径进行搜索，分析它们的位置关系以及远近，然后选择其中的一条路径进行数据传输。在网络管理软件中，路径的选择使用的是“梯度法”，即先选择路径最近的一条通道进行传输，如果传输不通，再使用另外一条稍远一点的通路进行传输，以此类推，直到数据送达目的地为止。在实际工作情况中，预先确定的路径可能发生变化，或者路径被中断了，或者被阻塞不能进行及时送达。这时候动态路由结合网状拓扑结构，就可以很好地解决这个问题，从而保证数据的可靠传输。

3. ZigBee无线数据传输

简单来说，ZigBee是一种高可靠的无线数据传输网络，同CDMA网和GSM网类似。ZigBee数据传输模块类似于移动网络中的基站。通信距离从75m到几百米、几千米，并且可以无限扩展。

ZigBee可以由多到65 000个无线数传模块组成一个无线数传网络平台，在整个网络内，每个ZigBee网络数据传输模块间可以互相通信，每个网络节点间的距离可以从75m开始无限扩展。

与移动通信的CDMA网或GSM网不同的是，ZigBee网络主要是为工业自动化控制数据传输而建立，因而，它具有简单、使用方便、工作可靠、价格低的特点。而移动通信网主要是为语音通信而建立的，每个基站价值一般都在百万元人民币以上，而每个ZigBee“基站”却不到1000元。每个ZigBee网络节点不仅本身可以作为监控对象，如其所连接的传感器直接进行数据采集和监控，还可以自动中转别的网络节点传过来的数据资料。除此之外，每一个ZigBee网络节点还可以在自己信号覆盖的范围内，和多个不承担网络信息中转任务的孤立的子节点无线连接。

步骤三

ZigBee的应用

ZigBee由于简单低速、使用方便、工作可靠、价格低的特点，使其主要应用于工业、农业、商业、消费电子、家庭自动化、医疗健康、汽车自动化等领域。ZigBee应用场景概况如图3-9所示。

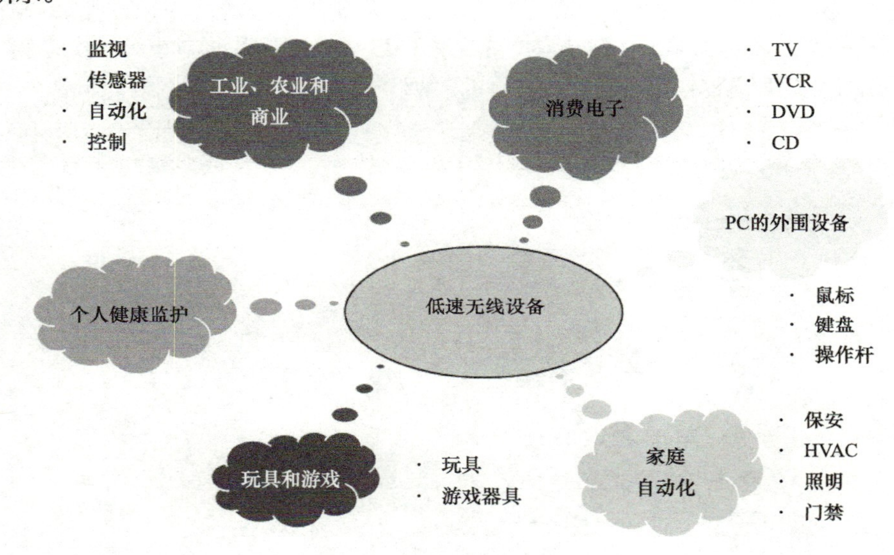

图3-9　ZigBee应用场景

在工业领域：利用传感器和ZigBee网络，使得数据的自动采集、分析和处理变得更加容易，可以作为决策辅助系统的重要组成部分。例如，危险化学成分的检测，火警的早期检测和预报，高速旋转机器的检测和维护。这些应用不需要很高的数据吞吐量和连续的状态更新，重点在低功耗，从而最大限度地延长电池的寿命，减少ZigBee网络的维护成本。

在汽车自动化领域：主要是传递信息的通用传感器。由于很多传感器只能内置在飞转的车轮或者发动机中，比如轮胎压力监测系统，这就要求内置的无线通信设备使用的电池有较长的寿命（大于或等于轮胎本身的寿命），同时应该克服嘈杂的环境和金属结构对电磁波的屏蔽效应。

在农业领域：传统农业主要使用孤立的、没有通信能力的机械设备，主要依靠人力监测作物的生长状况。采用了传感器和ZigBee网络后，农业将可以逐渐地转向以信息和软件为中心的生产模式，使用更多的自动化、网络化、智能化和远程控制的设备来耕种。传感器可能收集包括土壤湿度、氮浓度、pH值、降水量、温度、空气湿度和气压等信息。这些信息和采集信息的地理位置经由ZigBee网络传递到中央控制设备供农民决策和参考，这样农民能够及早而准确地发现问题，从而有助于保持并提高农作物的产量。

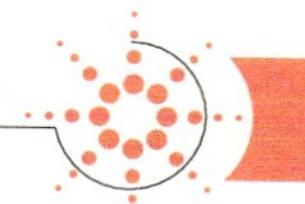

在家庭自动化领域：家庭自动化系统作为电子技术的集成被得到迅速扩展。易于进入、简单明了和廉价的安装成本等成了驱动自动化居家和建筑开发和应用无线技术的主要动因。未来的家庭将会有50～100个支持ZigBee的芯片被安装在电灯开关、烟火检测器、抄表系统、无线报警、安保系统、HVAC、厨房器械中，为实现远程控制服务。

在医学领域：将借助于各种传感器和ZigBee网络，准确而且实时地监测病人的血压、体温和心跳速度等信息，从而减少医生查房的工作负担，有助于医生做出快速的反应，特别是对重病和病危患者的监护和治疗。

在消费和家用自动化市场：可以联网的家用设备有电视、录像机、无线耳机、个人计算机外设（键盘和鼠标等）、运动与休闲器械、儿童玩具、游戏机、窗户和窗帘、照明设备、空调系统和其他家用电器等。近年来，由于无线技术的灵活性和易用性，无线消费电子产品已经越来越普遍、越来越重要。

思考题

1）ZigBee技术的特点有哪些？

2）ZigBee可以应用在哪些领域？请举例详细说明。

项目总结

本项目详细介绍了无线个域网应用于物联网的几项常见技术，通过对各种技术的介绍，使学生了解无线个域网技术。

项目3 智慧校园之无线局域网

项目概述

无线局域网利用无线技术在空中传输数据、话音和视频信号。作为传统布线网络的一种替代方案或延伸，它能够方便地联网，同时不必对网络的用户管理配置进行过多的变动。随着互联网应用的高速发展，个人便携终端迅猛增长，无线局域网成为新一代高速无线接入网络。

无线的数据传输系统可使用户摆脱线缆的束缚，在其覆盖的范围内，实现自由的移动和漫游。无线局域网具有不受环境的局限、灵活便捷、不影响原有的装修布局、建网周期短等优点，与传统的有线接入方式相比，它不仅可以实现许多新的应用，还可以克服线缆限制引起的不便，其优点主要表现在以下3个方面：

1）移动性：在服务区域，无线局域网用户可随时随地访问信息；设备安装快速、简单、灵活；无线局域网系统消除了布线的繁琐工作，网络可遍及线缆不能到达的地方。

2）减少投资：无线网络减少了布线的费用，可应用在频繁移动和变化的动态环境中，投资回报高。

3）扩展能力：无线局域网可以组成多种拓扑结构，一般的无线网络结构图如图3-10所示。容易从少数用户的对等网络模式扩展到上千用户的结构化网络中。

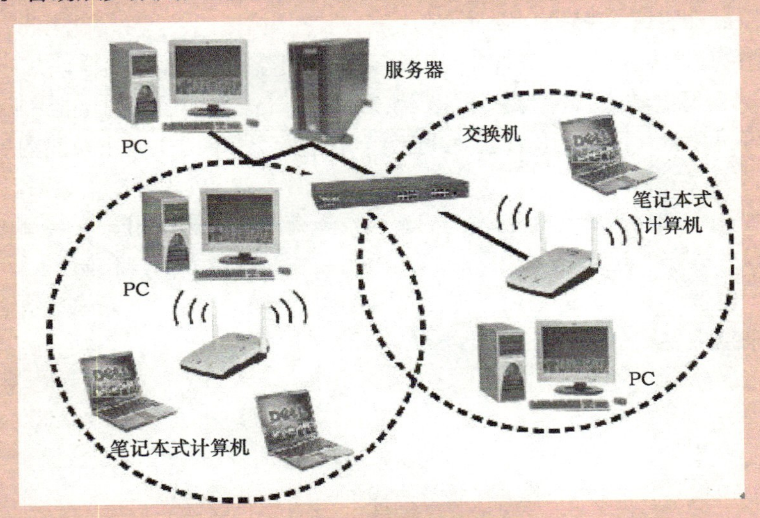

图3-10　无线网络结构

本项目主要介绍无线局域网中的Wi-Fi技术、ad hot网络，以及无线局域网标准协议IEEE 802.11。

项目目标

了解无线局域网的相关技术。

任务1　揭秘Wi-Fi

了解Wi-Fi网络工作原理，以及相关知识。

任务实施

步骤一：现有Wi-Fi技术标准

所谓Wi-Fi其实就是Wireless Fidelity 的缩写，意思就是无线局域网。它采用IEEE 802.11x系列标准，所以一般的802.11x系列标准都属于Wi-Fi。根据802.11x系列标准的不同，Wi-Fi的工作频段也有2.4GHz和5GHz的差别。但是Wi-Fi却能够实现随时随地的上网需求，并且能提供高速的宽带接入。当然，Wi-Fi技术也存在着诸如兼容性、安全性等方面的问题，不过它也凭借着自身的优势，占据着主流无线传输的地位。

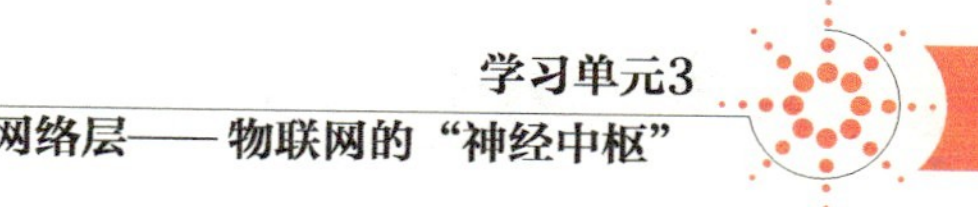

Wi-Fi的标准按照速度来划分，可以分成802.11a、802.11b、802.11g、802.11n和802.11a/c。

Wi-Fi不同标准在设定时就有自身所带的一些优点和缺点。其主要特点有：①802.11b是Wi-Fi标准中最广泛使用的标准，在目前的产品中，支持此标准的产品比支持802.11a和802.11g的产品便宜，但也是带宽最低、传输距离最短的一个标准。②802.11a与802.11b相比具有更大的网络吞吐量，通过同时使用多个频道，从而提高传输速率，这样电波不易受干扰，传输速率也会提高，可以达到54Mbit/s，但由于它的频率工作在5GHz，因此与802.11b和802.11g不兼容（此二者工作于2.4GHz），所以它是目前使用较少的一个Wi-Fi标准。③802.11g的传输速率（理论上达54Mbit/s）比802.11b（理论上为11Mbit/s）要高，并且可与之兼容，但是它却比802.11b更容易受外界干扰，如无绳电话、微波炉及其他在2.4GHz频段上的设备。

2009年推出的802.11n在传输速率方面将MIMO（Maltiple-Input Multiple-Output, 多入多出）与OFDM（Orthogonal Frequency Division Multiplexing，正交频分复用）技术相结合，可以将WLAN的传输速率由目前802.11a及802.11g提供的54Mbit/s，提高到300Mbit/s甚至高达600Mbit/s。大大提高了无线传输质量，也使传输速率得到极大提升。

在覆盖范围方面，802.11n采用智能天线技术，通过多组独立天线组成的天线阵列，并可以减少其他信号的干扰。因此其覆盖范围可以扩大到好几平方公里，使WLAN移动性极大提高。802.11n向前后兼容，而且可以实现WLAN与无线广域网络的结合，比如3G。

步骤二：Wi-Fi的关键技术

Wi-Fi中所采用的展频技术具有非常好的抗干扰性能，所以就无须担心Wi-Fi技术能否提供稳定的网络服务。而常用的展频技术有以下四种：直序展频、调频展频、跳时展频、连续波调频。其中直序展频和调频展频很常见。后两种则是根据前面的技术的改进，通常不会单独使用，往往整合到其他的展频技术上，组成信号更隐秘、功率更低、传输更为精确的混合展频技术。综合来看，展频技术有以下几方面的优势：反窃听，抗干扰，有限度的保密。

（1）直序扩频技术

直序展频的展频过程如图3-11所示。

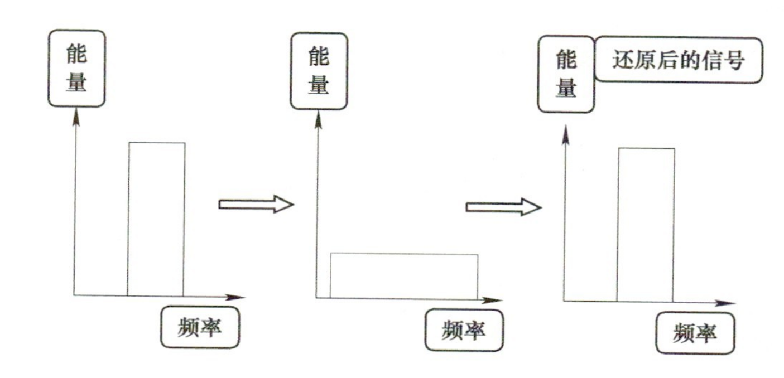

图3-11　直序展频的展频过程

直序扩频技术是指把原来功率较高，而且带宽较窄的原始功率频谱分散在很宽广的带宽上，使得整个发射信号利用很少的能量即可传送出去。

在传输过程中把单一一个0或1的二进制数据使用多个chips（片段）进行传输，然后再接收方进行统计chips的数量来增加抵抗噪声干扰。例如，要传送一个1的二进制数据到远程，那么DS-SS会把这个1扩展成三个1，也就是111进行传送。那么即使是在传送中因为干扰，使原来的三个1成为011、101、110、111信号，但还是能统计1出现的次数来确认该数据为1。通过这种发送多个相同的chips的方式，就比较容易减少噪声对数据的干扰，提高接收方所得到数据的正确性。另外，由于所发送的展频信号会大幅降低传送时的能量，所以在军事用途上会利用该技术把信号隐藏在Back Ground Noise（背景噪声）中，渐少敌人监听到我方通信的信号以及频道。这就是展频技术所隐藏信号的反监听功能了。

（2）跳频技术

跳频技术（Frequency-Hopping Spread Spectrum，FH-SS），是指把整个带宽分割成不少于75个频道，每个不同的频道都可以单独传送数据。当传送数据时，根据收发双方预定的协议，在一个频道传送一定时间后，就同步“跳”到另一个频道上继续通信。

FH-SS系统通常在若干不同频段之间跳转来避免相同频段内其他传输信号的干扰。在每次跳频时，FH-SS信号都表现为一个窄带信号。

若在传输过程中，不断地把频道跳转到协议好的频道上，在军事用途上就可以用来作为电子反跟踪的主要技术。即使敌方能从某个频道上监听到信号，但因为我方会不断跳转到其他频道上通信，所以敌方就很难追踪到我方下一个要跳转的频道，达到反跟踪的目的。

如果把前面介绍的DS-SS以及FS-SS整合起来一起使用的话，将会成为hybrid FH/DS-SS。这样，整个展频技术就能把原来信号展频为能量很低、不断跳频的信号。使得信号抗干扰能力更强，敌方更难发现，即使地方在某个频道上监听到信号，但不断地跳转频道，使敌方不能获得完整的信号内容，完成利用展频技术隐秘通信的任务。

FH-SS系统所面临的一个主要挑战便是数据传输速率。就目前情形而言，FH-SS系统使用1MHz窄带载波进行传输，数据率可以达到2Mbit/s，不过对于FH-SS系统来说，要超越10Mbit/s的传输速率并不容易，从而限制了它在网络中的使用。

（3）OFDM技术

OFDM技术是一种无线环境下的高速多载波传输技术。其主要思想是在频域内将给定信道分成许多正交子信道，在每个子信道上使用一个子载波进行调制，各子载波并行传输，从而能够有效地抑制无线信道的时间弥散所带来的符号间干扰（ISI）。这样就减少了借手机内均衡的复杂度，有时甚至可以不采用均衡器，仅通过插入循环前缀的方式消除ISI的不利影响。

OFDM技术有非常广阔的发展前景，已成为第四代移动通信的核心技术。IEEE 802.11a，IEEE 802.11g标准为了支持高速数据传出都采用了OFDM调制技术。目前，OFDM结合时空编码、分集、干扰（包括符号间干扰ISI）和邻道干扰（ICI）抑制以及智能天线技术，最大限度提高了物理层的可靠性；如再结合自适应调制、自适应编码以及动态子载波分配和动态比特分配算法等技术，可以使其性能进一步优化。

步骤三

1. Wi-Fi技术的拓扑结构

无线局域网的拓扑结构可归纳为两类，即无中心网络和有中心网络。

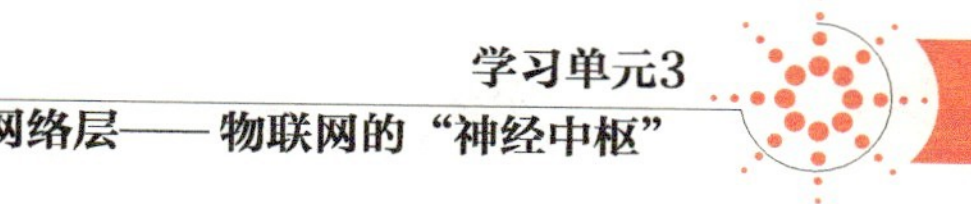

（1）无中心网络

无中心网络是最简单的无线局域网结构，又称为无AP网络，对等网络或Ad-Hoc（特别）网络，它由一组有无线接口的计算机（无线客户端）组成一个独立基本服务集（IBSS），这些无线客户端由相同的工作组名、ESS ID和密码，网络中任意两个站点之间均可直接通信。无中心网络的拓扑结构如图3-12所示。

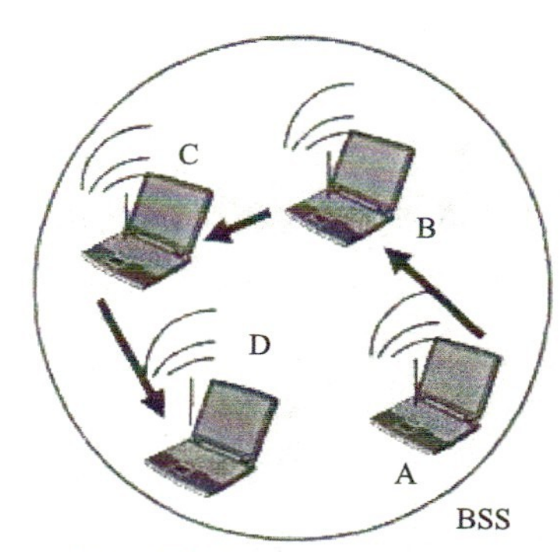

图3-12　无中心网络的拓扑结构

无中心网络一般使用公用广播信道，每个站点都可以竞争公用信道，而信道接入控制（MAC）协议大多采用CSMA（载波监测多址接入）类型的多址接入协议。这种结构的优点是：网络抗毁性好、建网容易、成本较低。这种结构的缺点是：当网络中用户数量（站点数量）过多时，激烈的信道竞争将直接降低网络性能。此外，为了满足任意两个站点均可直接通信，网络中的站点布局受环境限制较大。因此，这种网络结构仅适应于工作站数量相对较少（一般不超过15台）的工作群，并且这些工作站应离得足够近。

（2）有中心网络

有中心网络也是结构化网络的一种，其拓扑结构如图3-13所示。它由一个或多个无线AP以及一系列无线客户端构成。在有中心网络中，一个无线AP以及与其关联（Associate）的无线客户端被称为一个BSS（Basic Service Set，基本服务集），两个或多个BSS可构成一个ESS（Extended Service Set，扩展服务集）。

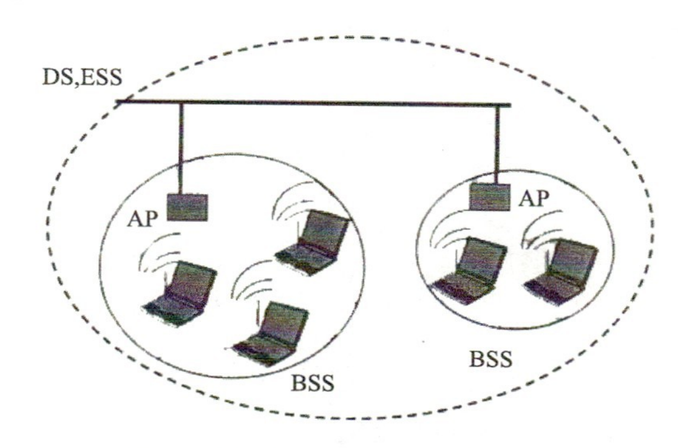

图3-13　有中心网络的拓扑结构

有中心网络使用无线AP作为中心站，所有无线客户端对网络的访问均由无线AP控制。这样，当网络业务量增大时，网络吞吐性能及网络时延性能的恶化并不强烈。由于每个站点只要在中心站覆盖范围内就可与其他站点通信，故网络布局受环境限制比较小。此外，中心站为接入有线主干网提供了一个逻辑访问点。有中心网络拓扑结构的弱点是：抗毁性差，中心站点的故障容易导致整个网络瘫痪，并且中心站点的引入增加了网络成本。

虽然在IEEE 802.11标准中并没有明确定义构成ESS的分布式系统的结构，但目前大都是指以太网。ESS的网络结构只包含物理层和数据链路层，不包含网络层及其以上各层。因此，对于IP等高层协议IP来说，一个ESS就是一个IP子网。

2. Wi-Fi的技术优势

无线电波的覆盖范围广，基于蓝牙技术的电波覆盖范围非常小，半径大约只有15m，而Wi-Fi的半径则可达100m，即使在整栋大楼中也可以使用。

由于Wi-Fi技术传输的无线通信稳定性，数据安全性能不如蓝牙，传输质量也有待改进，但传输速度非常快，至少可以达到11Mbit/s，快的达到600Mbit/s，符合个人和社会高速信息化的需求。

厂商进入该领域的门槛比较低。厂商只要在机场、车站、咖啡店、图书馆等人员较密集的地方设置“热点”，并通过高速线路将互联网接入上述场所。这样，由于“热点”所发射出的电波可以达到距接入点半径10～100m的地方，用户只要将支持无线Wi-Fi的笔记本式计算机或终端拿到该区域内，无须布线即可高速接入互联网，大大减少了用户网络接入互联网的成本。

思考题

1）Wi-Fi网络结构有哪几类?

2）设置路由器，修改无线网络的名称及密码，并使用手机登录验证。

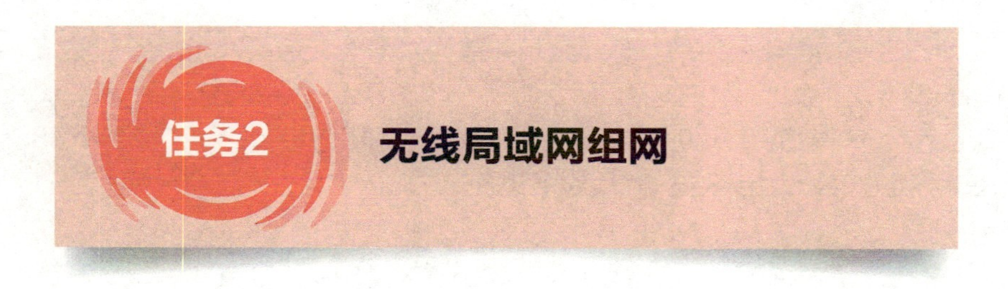

了解无线局域网组网方案，了解局域网组网的相关技术。

任务实施

步骤一

在信息化时代，计算机和网络已成为人们生活中不可缺少的部分。依靠计算机及网络获取的信息已经占到各种媒体的大部分。同时，通过方便和移动的方式获取信息成为趋势，促使便携式和移动性计算机不断发展。未来的网络将使得人们能够在广阔的范围内（如校园网或城域网）里，方便灵活地连入网络。为了满足这种要求，除了在城市和广域范围内使用高效的专线和租用线路之外，还应该提供园区和城区范围内的高速高带宽无线传输方式。

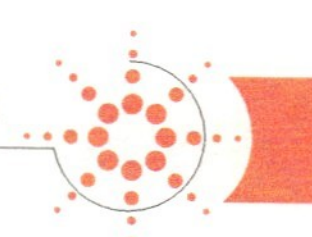

无线局域网是计算机网络与无线通信技术相结合的产物。也就是说，无线局域网（Wireless Local-Area Network，WLAN）就是在不采用传统电缆线的同时，提供传统有线局域网的所有功能，网络所需的基础设施不需要再埋在地下或隐藏在墙里，网络却能够随着实际需要移动或变化。

无线局域网技术具有传统局域网无法比拟的灵活性。无线局域网的通信范围不受环境条件的限制，网络的传输范围大大拓宽，最大传输范围可达到几十公里。在有线局域网中，两个站点的距离在使用铜缆时被限制在500m，即使采用单模光纤也只能达到3 000m，而无线局域网中两个站点间的距离目前可达到50 000m，距离数公里的建筑物中的网络可以集成为同一个局域网。

无线接入技术区别于有线接入的特点之一是标准不统一，不同的标准有不同的应用。目前比较流行的有802.11标准（包括802.11a、802.11b及802.11g等标准）、蓝牙（Bluetooth）标准以及HomeRF（家庭网络）标准等。

针对不同的网络应用环境或需要，无线局域网可以采用不同的接入方式来实现计算机之间的互联。一般说来，根据接入方式的不用，无线局域网可以采用四种组网方式：网桥连接型、访问节点接型、Hub接入型、无中心接入型。

1. 网桥连接型

当不同的两个局域网（有线局域网或无线局域网）需要远距离连接，或两个局域网之间的连接不便于进行物理布线时，可采用无线网桥进行连接。这种网桥之间的连接属于点对点的连接，无线网桥不仅提供两个局域网之间的物理层与数据链路层一级的连接，而且为两个局域网中的用户提供了较高层的路由与协议转换功能。

2. 访问节点接型

当大部分工作站需要经常进行移动通信时，应采取访问节点（AP）接入方式，各工作站之间通过AP来实现信息的交换。与手机、iPad等移动通信工具一样，对无线局域网中各个AP的管理同样涉及漫游、小区（Cell）之间的切换等功能。在AP接入方式中，各移动工作站不仅可以通过交换中心自行组网，而且可以通过广域网与远处的站点组建自己的工作组网络。

3. Hub接入型

与有线局域网一样，利用无线Hub可以组建星形拓扑结构的无线局域网，这种结构具有有线Hub组网的诸多优点，其工作方式和有线星形结构很相似。但在无线局域网中一般要求无线AP应具有简单的网内交换功能。

4. 无中心接入型

在无中心接入方式中，每个工作站只需要安装一块无线网卡，然后就可以实现任意两台计算机之间的通信。这种通信方式类似于有线局域网中的对等网，两台计算机之间通信的建立是任意的。

步骤二

这里以校园无线局域网组网为实例介绍无线局域网组建。

室内无线局域网主要针对不方便进行大规模布线或不宜布设太多信息点的建筑，图书馆、办公大楼、网络教室、会议室和报告大厅等，典型的无线校园网络整体解决方案如图3-14所示。

学习单元1
学习单元2
学习单元3
学习单元4
参考文献

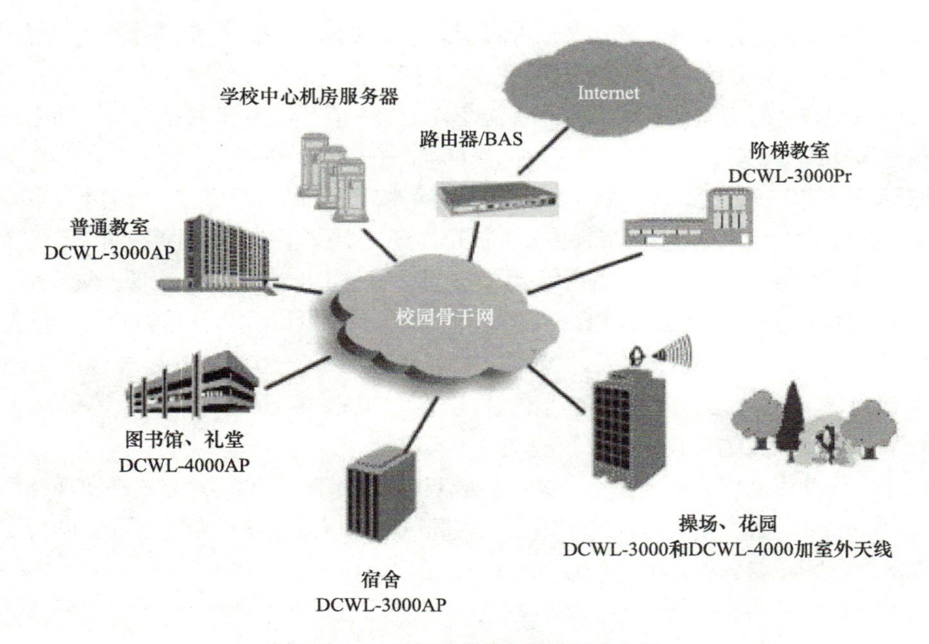

图3-14　无线校园网络整体解决方案

在校园网各区域分别布设无线局域网络以后，用户可以将无线网卡直接插到笔记本式计算机的PCMCIA插槽，或者通过USB适配器转接插到台式机的USB接口上，只需简单地设置就可以连接到校园网上，从而实现上网功能。教师或者学生就可以在这些区域漫游使用，用户无须任何设置就可以在整个校园连接校园网，从办公区到教学楼、从图书馆到宿舍都可以实现移动漫游连接互联网。下面分别介绍具体网络环境的组网。

（1）大型建筑内无线网络解决方案：

该方案针对难以进行全面布线的礼堂、图书馆等，用户可以利用已经存在的有线网络接口，轻松解决无线局域网的安装布设。可以很容易地扩展信息接入点的密度，实现移动办公。大型建筑内无线网络如图3-15所示。

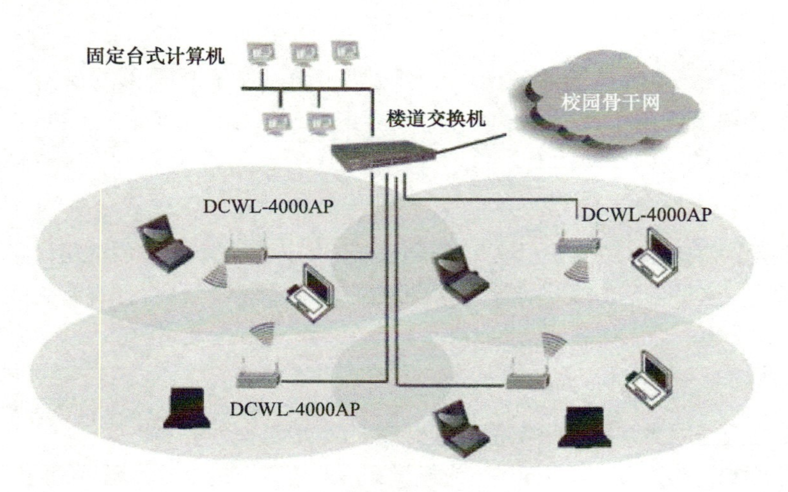

图3-15　大型建筑内无线网络

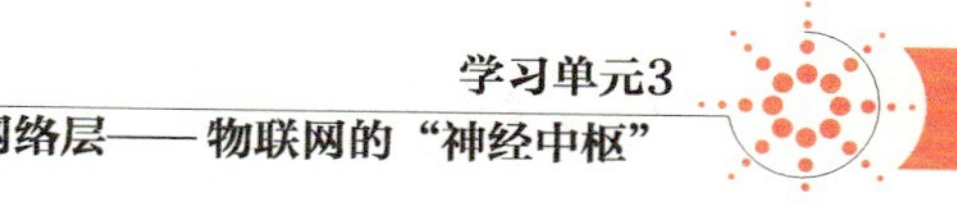

该方案的特点是可以充分利用智能无线AP的性能，使整个网络可以支持数百用户同时安全、稳定地使用。图3-16所示中根据不同区域网络的应用，按照蜂窝状布设多个AP。每个AP可以承担254个用户同时上网，从实际11Mbit/s数据传输网络利用率考虑，推荐布设稍微密集的AP，可以承受较多用户同时上网的要求，而不至于使网络堵塞，AP间的间距大约在50～200m。AP的置放位置可以放在天花板、墙壁等地方，遵从的原则就是视线以内并尽可能在无线用户的中心位置。如此，信号发射接收强，用户无线连接质量高。AP之间可以做到负载均衡，相互冗余，并且通过自动适应频道或动态调整功率使得密集的AP之间避免了相互干扰。

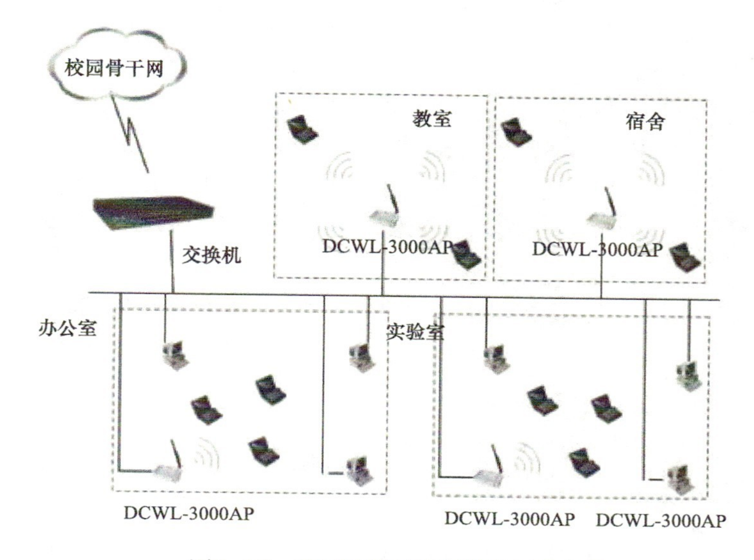

图3-16　普通建筑无线网络的解决方案

AP通过普通的超五类双绞线与交换机相连，再将交换机的另一端与教室内已经布好的网络接口相连，就可以与校园网连通。也可以通过五类双绞线远程供电。每个AP可以有一个固定的IP地址做网管应用，与用户的IP地址无关。校园网服务器端如果启用DHCP服务功能，那么用户就可以通过DHCP服务器自动获取IP地址，无须任何配置就可以连接校园网，从而避免了烦琐的网络属性设置。

（2）普通建筑无线网络的解决方案

校园中的大多数较小的建筑物房间，如普通教室、宿舍、办公室、实验室等可以直接将普通型AP接入校园网的以太网端口，作为有线网络的补充，如图3-16所示。

思考题

如何组建一个简单的局域网，它包含哪些部分？

项目总结

本项目通过对无线局域网的相关技术的介绍，使学生对物联网中无线局域网技术的应用情境有了充分的了解，知晓无线局域网在物联网的应用范围。

项目4 智能抄表之无线广域网

项目概述

无线广域网是指能覆盖很大范围的无线网络。它能提供比无线局域网更大范围的无线接入，与之前介绍的个域网、局域网相比，它更强调快速移动性。典型的无线广域网技术包括GSM移动通信，3G、4G网络等。由于可以将分布较远的各局域网互联，目前被广泛应用于电力系统（分布于不同地点的变电站、电厂和电力局连接起来），调度系统（连接公安局、派出所、消防和治安点），交通运输系统（将分散在各个路口的监控点和监控中心连接起来，如机场、铁路、港口的连接）等行业。

项目目标

1）知晓无线广域网的相关技术。
2）了解无线广域网技术在物联网中应用范围。

了解智能抄表系统的组成和工作原理。

任务实施

步骤一

随着人们生活水平的不断提高，大家对生活环境提出了更高的要求。在政府政策的鼓舞下，家居智能化得到了高速的发展。作为智能化产业链中的一环，智能抄表系统也同时得到了蓬勃发展。传统的手工抄表方式费时、费力，准确性和及时性得不到保障，这已经不适应社会的发展需求了。这样也对抄表提出了更高的要求，为此我们提出了新的抄表方案无线抄表。目前，小区抄表基本有两种数据传输方式：有线数据传输和无线数据传输。如果用有线来传递数据，技术简单、成熟，易于实现；但施工布线工作量大，网线易受人为破坏，线路损坏后，故障点不易查找。如果使用无线系统，施工很简单，系统好维护，故障好查找，因此无线抄表将成为抄表方式的发展主流，可实现对水表、电表、燃气表等的远程抄取。无线智能抄表系统示意图如图3-17所示。

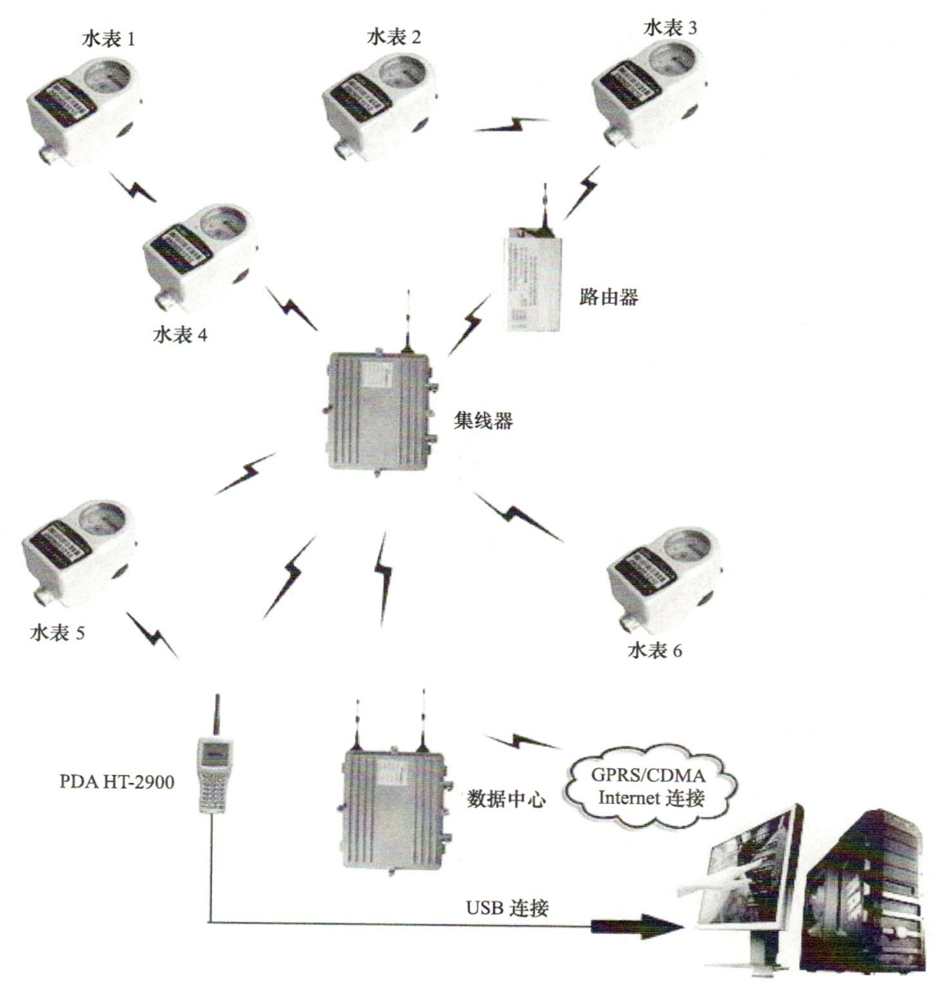

图3-17　无线智能抄表系统示意图

步骤二：系统的组成

1. 无线智能抄表系统的组成

无线模块是连接在燃气表的传感器（计数器）上，处于完全睡眠状态，当传感器（计数器）有信号进来时，模块被唤醒，并自动上报，主要用于上报到集中器中，并执行中心所下发的相关操作。执行完又进入睡眠状态。这样一来，无线模块的功耗就非常低，如果采用电池供电，可以达到4～6年。

2. 无线智能抄表系统的工作原理

无线模块的采集端连接在燃气表的传感器（计数器）上，每天均有几次定时将睡眠的无线模块唤醒，模块将当前数量上报，并完成所有要执行的任务，然后又继续进入睡眠状态，等待下一个定时指令，然后执行相关操作。无线手抄器要进行抄表时，只要抄表人员拿着抄表器在通信距离以内抄收当前的集中器内的数据即可，而且可以带有阀控的功能，如果用户欠费或更换模块的电池，都可以通过中心发到集中器发出到表进行关阀。

3. 无线智能抄表系统的特点

无线模块多信道、多波特率（用户可选择）；硬件采用了高精度集成封装技术，随环境温、湿度变化，频率偏移小、计量准确、通信可靠；采用高效纠错技术，保证通信数据100%正确；微功率、通信距离远（比如可以覆盖整个城市）、价格低。

1）管理者远距离查看数据及管理。

2）系统高度集成、总成本较低。

3）可以随时抄取数据。

4）抄表不入户、避免扰民。

5）带阀控功能。

6）系统简单、抄表效率高。

思考题

智能超表系统包含哪些部分，它的智能体现在哪里？

了解GSM和GPRS的工作原理。

任务分析

步骤一

1. GSM简介

GSM是Global System For Mobile Communications的缩写，由欧洲电信标准组织ETSI制定的一个数字移动通信标准，是全球移动通信系统的简称。它的空中接口采用时分多址技术。自20世纪90年代中期投入使用以来，被全球超过100个国家采用。GSM标准的设备占据当前全球蜂窝移动通信设备市场80%以上。

GSM是当前应用最为广泛的移动电话标准。全球超过200个国家和地区超过10亿人正在使用GSM电话。所有用户可以在签署了“漫游协定”移动电话运营商之间自由漫游。GSM较之它以前的标准最大的不同是它的信令和语音信道都是数字式的，因此GSM被看作第二代（2G）移动电话系统。这说明数字通信从很早就已经构建到系统中了。GSM是一个当前由3GPP开发的开放标准。

GSM是一个蜂窝网络，也就是说移动电话要连接到它能搜索到的最近的蜂窝单元区域。GSM网络运行在多个不同的无线电频率上。

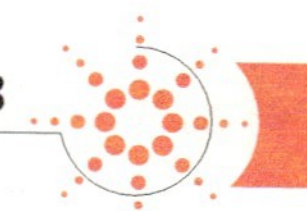

GSM网络一共有四种不同的蜂窝单元尺寸：巨蜂窝、微蜂窝、微微蜂窝和伞蜂窝。覆盖面积因不同的环境而不同。巨蜂窝可以被看作那种基站天线安装在天线杆或者建筑物顶上那种。微蜂窝则是那些天线高度低于平均建筑高度的那些，一般用于市区内。微微蜂窝则是那种很小的蜂窝只覆盖几十米的范围，主要用于室内。伞蜂窝则是用于覆盖更小的蜂窝网的盲区，填补蜂窝之间的信号空白区域。

蜂窝半径范围根据天线高度、增益和传播条件可以从百米以上至数十千米。实际使用的最长距离GSM规范支持到35km。还有个扩展蜂窝的概念，蜂窝半径可以增加一倍甚至更多。

GSM同样支持室内覆盖，通过功率分配器可以把室外天线的功率分配到室内天线分布系统上。这是一种典型的配置方案，用于满足室内高密度通话要求，在购物中心和机场十分常见。然而这并不是必需的，因为室内覆盖也可以通过无线信号穿越建筑物来实现，只是这样可以提高信号质量减少干扰和回声。

GSM系统主要由移动台（MS）、基站子系统（BSS）、移动网子系统（NSS）和操作支持子系统（OSS）四部分组成。

2. GSM系统的结构

（1）移动台（MS）

移动台是公用GSM移动通信网中用户使用的设备，也是用户能够直接接触的整个GSM系统中的唯一设备。移动台的类型不仅包括手持台，还包括车载台和便携式台。随着GSM标准的数字式手持台进一步小型、轻巧和增加功能的发展趋势，手持台的用户将占整个用户的极大部分。

（2）基站子系统（BSS）

基站子系统是GSM系统中与无线蜂窝方面关系最直接的基本组成部分。它通过无线接口直接与移动台相接，负责无线发送接收和无线资源管理。另一方面，基站子系统与网络子系统（NSS）中的移动业务交换中心（MSC）相连，实现移动用户之间或移动用户与固定网络用户之间的通信连接、传送系统信号和用户信息等。当然，要对BSS部分进行操作维护管理，还要建立BSS与操作支持子系统之间的通信连接。

（3）移动网子系统（NSS）

移动网子系统主要包含GSM系统的交换功能和用于用户数据与移动性管理、安全性管理所需的数据库功能，它对GSM移动用户之间通信和GSM移动用户与其他通信网用户之间通信起着管理作用。NSS由一系列功能实体构成，整个GSM系统内部，即NSS的各功能实体之间和NSS与BSS之间都通过符合CCITT信令系统No. 7协议和GSM规范的7号信令网路互相通信。

（4）操作支持子系统（OSS）

操作支持子系统需完成许多任务，包括移动用户管理、移动设备管理以及网路操作和维护。

其主要技术特点如下：

1）频谱效率。由于采用了高效调制器、信道编码、交织、均衡和语音编码技术，使系统具有高频谱效率。

2）容量。由于每个信道传输带宽增加，使同频复用载干比要求降低至9dB，故GSM系统的同频复用模式可以缩小到4/12或3/9，甚至更小（模拟系统为7/21）；加上半速率话音编码的引入和自动话务分配以减少越区切换的次数，使GSM系统的容量效率（每兆赫每小区的信道数）比TACS系统高3～5倍。

3）话音质量。鉴于数字传输技术的特点以及GSM规范中有关空中接口和话音编码的定义，在门限值以上时，话音质量总是达到相同的水平而与无线传输质量无关。

4）开放的接口。GSM标准所提供的开放性接口，不仅限于空中接口，而且包括网络之间以及网络中各设备实体之间，如A接口和Abis接口。

5）安全性。通过鉴权、加密和TMSI号码的使用，达到安全的目的。鉴权用来验证用户的入网权利。加密用于空中接口，由SIM卡和网络AUC的密钥决定。TMSI是一个由业务网络给用户指定的临时识别号，以防止有人跟踪而泄漏其地理位置。

6）与ISDN、PSTN等的互联。与其他网络的互联通常利用现有的接口，如ISUP或TUP等。

7）在SIM卡基础上实现漫游。漫游是移动通信的重要特征，它标志着用户可以从一个网络自动进入另一个网络。GSM系统可以提供全球漫游，当然也需要网络运营者之间的某些协议，如计费。

步骤二

1. GPRS简介

GPRS是通用分组无线服务技术（General Packet Radio Service）的简称，它是GSM移动电话用户可用的一种移动数据业务。GPRS可以说是GSM的延续。GPRS和以往连续在频道传输的方式不同，是以封包（Packet）式来传输，因此使用者所负担的费用是以其传输资料单位计算，并非使用其整个频道，理论上较为便宜。GPRS的传输速率可提升至56Kbit/s甚至114Kbit/s。GPRS模块如图3-18所示。

图3-18　GPRS模块

GPRS经常被描述成“2.5G”，也就是说这项技术位于第二代（2G）和第三代（3G）移动通信技术之间。它通过利用GSM网络中未使用的TDMA信道，提供中速的数据传递。GPRS突破了GSM网只能提供电路交换的思维方式，只通过增加相应的功能实体和对现有的基站系统进行部分改造来实现分组交换，这种改造的投入相对来说并不大，但得到的用户数据速率却相当可观。而且，因为不再需要现行无线应用所需要的中介转换器，所以连接及传输都会更方便、更容易。如此，使用者即可联机上网，参加视讯会议等互动传播，而且在同一个视讯网络上（VRN）的使用者，甚至可以无须通过拨号上网，而持续与网络连接。GPRS分组交换的通信方式在分组交换的通信方式中，数

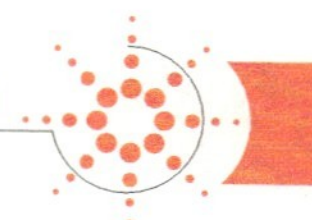

据被分成一定长度的包（分组），每个包的前面有一个分组头（其中的地址标志指明该分组发往何处）。数据传送之前并不需要预先分配信道，建立连接。而是在每一个数据包到达时，根据数据报头中的信息（如目的地址），临时寻找一个可用的信道资源将该数据报发送出去。在这种传送方式中，数据的发送和接收方同信道之间没有固定的占用关系，信道资源可以看作是由所有的用户共享使用。由于数据业务在绝大多数情况下都表现出一种突发性的业务特点，对信道带宽的需求变化较大，因此采用分组方式进行数据传送将能够更好地利用信道资源。例如，一个进行WWW浏览的用户，大部分时间处于浏览状态，而真正用于数据传送的时间只占很小比例。这种情况下若采用固定占用信道的方式，将会造成较大的资源浪费。

2. GPRS网络的结构

GPRS网络主要实体包括GPRS骨干网、GGSN、SGSN、本地位置寄存器HLR、移动交换中心（MSC），拜访位置寄存器（VLR）、移动台、分组数据网络（PDN）、短消息业务网关移动交换中心（SMS，GMSC）和短消息业务互通移动交换中心（SMS，IWMSC）等。

GPRS网络引入了分组交换和分组传输的概念，这样使得GSM网络对数据业务的支持从网络体系上得到了加强。GPRS其实是叠加在现有的GSM网络的另一网络，GPRS网络在原有的GSM网络的基础上增加了SGSN（服务GPRS支持节点）、GGSN（网关GPRS支持节点）等功能实体。GPRS共用现有的GSM网络的BSS系统，但要对软硬件进行相应的更新；同时GPRS和GSM网络各实体的接口必须做相应的界定；另外，移动台则要求提供对GPRS业务的支持。GPRS支持通过GGSN实现的和PSPDN的互联，接口协议可以是X. 75或者是X. 25，同时GPRS还支持和IP网络的直接互联。

3. 应用上的特点

手机上网还显得有些不尽人意。因此，全面的解决方法GPRS也就这样应运而生了，这项全新技术可以令您在任何时间、任何地点都能快速方便地实现连接，同时费用又很合理。简单地说，速度上去了，内容丰富了，应用增加了，而费用却更加合理。

（1）高速数据传输

速度10倍于GSM，还可以稳定地传送大容量的高质量音频与视频文件是一个巨大进步。

（2）永远在线

由于建立新的连接几乎无须任何时间（即无须为每次数据的访问建立呼叫连接），因而随时都可与网络保持联系。举个例子，若无GPRS的支持，当用户正在网上漫游，而此时恰有电话接入，大部分情况下用户不得不断线后接通来电，通话完毕后重新拨号上网。这对大多数人来说，的确是件非常令人不悦的事。而有了GPRS，用户就能轻而易举地解决这个冲突。

（3）仅按数据流量计费

仅按数据流量计费，即根据您传输的数据量（如网上下载信息时）来计费，而不是按上网时间计费。也就是说，只要不进行数据传输，哪怕您一直“在线”，也无须付费。做个“打电话”的比喻，在使用GSM+WAP手机上网时，就好比电话接通便开始计费；而使用GPRS+WAP上网则要合理得多，就像电话接通并不收费，只有开始对话时才计费。总之，它真正体现了少用少付费的原则。

4. 技术优势

（1）相对低廉的连接费用

资源利用率高在GSM网络中，GPRS首先引入了分组交换的传输模式，使得原来采用电路交换模式的GSM传输数据方式发生了根本性的变化，这在无线资源稀缺的情况下显得尤为重要。按电路交换模式来说，在整个连接期内，用户无论是否传送数据都将独自占有无线信道。在会话期间，许多应用往往有不少的空闲时段，如上网浏览、收发E-mail等。对于分组交换模式，用户只有在发送或接收数据期间才占用资源，这意味着多个用户可高效率地共享同一无线信道，从而提高了资源的利用率。GPRS用户的计费以通信的数据量为主要依据，体现了“得到多少、支付多少”的原则。实际上，GPRS用户的连接时间可能长达数小时，却只需支付相对低廉的连接费用。

（2）传输速率高

GPRS可提供高达115Kbit/s的传输速率（最高值为171.2Kbit/s，不包括FEC）。这意味着在数年内，通过便携式计算机，GPRS用户能和ISDN用户一样快速地上网浏览，同时也使一些对传输速率敏感的移动多媒体应用成为可能。

（3）接入时间短

分组交换接入时间缩短为少于1GPRS是一种新的GSM数据业务，它可以给移动用户提供无线分组数据接入服务。

数据速率最高可达164Kbit/s。GSM空中接口的信道资源既可以被话音占用，也可以被GPRS数据业务占用。当然，在信道充足的条件下，可以把一些信道定义为GPRS专用信道。要实现GPRS网络，需要在传统的GSM网络中引入新的网络接口和通信协议。GPRS网络引入GSN（GPRS Surporting Node）节点。移动台则必须是GPRS移动台或GPRS/GSM双模移动台。

思考题

GPRS技术的特点有哪些？

了解3G、4G技术标准，工作原理和发展趋势。

任务实施

步骤一：3G通信

3G是英文Third Generation的缩写，是指第三代移动通信技术。相对第一代模拟制式手机（1G）和第二代GSM、CDMA等数字手机（2G），第三代手机一般地讲，是指将无线通信与国际互联网等多媒体通信结合的新一代移动通信系统。它能够处理图像、音乐、视频流

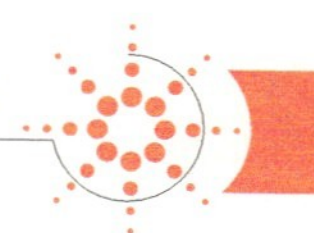

等多种媒体形式，提供包括网页浏览、电话会议、电子商务等多种信息服务。为了提供这种服务，无线网络必须能够支持不同的数据传输速度，也就是说在室内、室外和行车的环境中能够分别支持至少2Mbit/s、384Kbit/s以及144Kbit/s的传输速度。

1. 三种3G技术标准

W-CDMA，英文全称是Wideband Code Division Multiple Access，中文译名为宽带码分多址，它可支持384Kbit/s到2Mbit/s不等的数据传输速率，支持者主要以GSM系统为主的欧洲厂商。

WCDMA的优势在于码片速率高，有效地利用了频率选择性分集和空间的接收和发射分集，可以解决多径问题和衰落问题，采用Turbo信道编解码，提供较高的数据传输速率，FDD制式能够提供广域的全覆盖，下行基站区分采用独有的小区搜索方法，无须基站间严格同步。采用连续导频技术，能够支持高速移动终端。相比第二代的移动通信制式，WCDMA具有更大的系统容量、更优的话音质量、更高的频谱效率、更快的数据速率、更强的抗衰落能力、更好的抗多径性，能够应用于高达500km/h的移动终端的技术优势，而且能够从GSM系统进行平滑过渡，保证运营商的投资，为3G运营提供了良好的技术基础。

CDMA 2000，也称CDMA Multi-Carrier，由美国高通北美公司为主导提出，摩托罗拉、Lucent和后来加入的韩国三星都有参与，韩国现在成为该标准的主导者。这套系统是从窄频CDMA One数字标准衍生出来的，可以从原有的CDMA One结构直接升级到3G，建设成本低廉。但目前使用CDMA的地区只有日本、韩国、北美和中国，所以相对于WCDMA来说，CDMA 2000的适用范围要小些，使用者和支持者也要少些。不过CDMA 2000的研发技术却是目前3G各标准中进度最快的，许多3G手机已经率先面世。CDMA 2000 是一个3G移动通信标准，国际电信联盟ITU的IMT-2000标准认可的无线电接口，也是2G CDMA标准（IS-95，标志CDMA 1×）的延伸。根本的信令标准是IS-2000。CDMA 2000与另两个主要的3G标准WCDMA以及TD-SCDMA不兼容。

该标准的带宽可以分为两个系统，分别是1×系统和3×系统，1×采用1.25MHz的带宽，最高速率是307Kbit/s，由于CDMA 2000 1×是直接从2.5G升为3G，所以其建设成本较低。

TD-SCDMA：该标准是由中国独自制定的3G标准，由于中国庞大的市场，该标准受到各大主要电信设备厂商的重视，全球一半以上的设备厂商都宣布可以支持TD-SCDMA标准。

TD-SCDMA在频谱利用率、对业务支持具有灵活性、频率灵活性及成本等方面有独特优势。

TD-SCDMA由于采用时分双工、上行和下行信道特性基本一致，因此，基站根据接收信号估计上行和下行信道特性比较容易。此外，TD-SCDMA使用智能天线技术有先天的优势，而智能天线技术的使用又引入了SDMA的优点，可以减少用户间干扰，从而提高频谱利用率。

TD-SCDMA还具有TDMA的优点，可以灵活设置上行和下行时隙的比例进而调整上行和下行的数据速率的比例，特别适合互联网业务中上行数据少而下行数据多的场合。但是这种上行下行转换点的可变性给同频组网增加了一定的复杂性。

TD-SCDMA是时分双工，不需要成对的频带。因此，与另外两种频分双工的3G标准相比，在频率资源的划分上更加灵活。

一般认为，TD-SCDMA由于智能天线和同步CDMA技术的采用，可以大大简化系统的复杂性，适合采用软件无线电技术，因此，设备造价可望更低。

但是，由于时分双工体制自身的缺点，TD-SCDMA被认为在终端允许移动速度和小区覆盖半径等方面落后于频分双工体制。

同时，TD只可以在线500人，这是个问题。

三种3G技术标准对比见表3-3。

表3-3　三种3G技术标准对比

RTT技术	WCDMA	CDMA2000-1x	TD-SCDMA
信道间隔	5MHz	1.25MHz	1.6 MHz
多址方式	单载波直接序列扩频CDMA多址	单载波直接序列扩频CDMA多址	单载波直接序列扩频时分多址+同步CDMA多址
双工方式	FDD	FDD	TDD
码片速率	3.84Mchip/s	1.2288Mchip/s	1.28Mchip/s
基站同步	异步（无GPS）可选同步	同步（需GPS）	同步（主从同步，需GPS）
帧长	10ms	20ms	10ms
越区切换	软切换、频间切换与GSM间的切换	软切换、频间切换与IS-95B间的切换	接力切换、频间切换与GSM间的切换
语音编码	自适应多速率	可变速率	可变速率
功率控制	内环、外环控制速率1500Hz	开环、闭环控制速率800Hz	内环、外环
支持可变数据速率	最高为2.048Mbit/s	1×最高307Kbit/s，1×EV支持2.4Mbit/s	最高为2.048Mbit/s
业务特性	适合于对称业务	适合于对称业务	支持对称业务，支持不对称业务具有突出的表现

2. 3G发展趋势分析

（1）宽带化

宽带化体现为对无线传输能力的要求。3G系统要求能够支持高达2Mbit/s的传输速率。随着新型多媒体业务的发展、话务量的提升等，对3G系统及下一代无线网络的无线传输速率要求会越来越高，即宽带化是3G网络的基本发展趋势之一。对于WCDMA网络技术体制而言，R99和R4版本支持的前反向峰值速率可达384Kbit/s；R5版本中引入了高速下行数据分组（HSDPA）接入功能，下行峰值速率可高达14.4Mbit/s；R6版本中进一步引入了高速上行数据分组（HSUPA）接入功能，上行峰值速率可高达3.6Mbit/s；R7版本中可能采用OFDM，MIMO等关键技术，进一步提高无线链路的传输速率，同时增加系统容量。

对于CDMA2000网络技术体制而言，CDMA2000　1×的前反向峰值速率可达153.6Kbit/s；1×　EV-DO　Release　0前向峰值速率提高到2.4Mbit/s，反向虽然相对于CDMA2000　1×没有改善，但在1×　EV-DO　Release　A中，反向峰值速率提高到

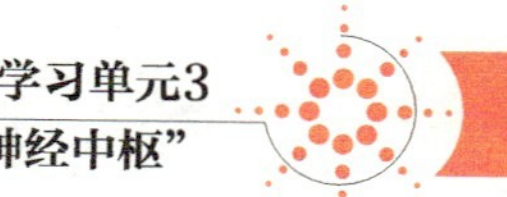

1.8Mbit/s，同时前向峰值速率也进一步提高到3.1Mbit/s；1× EV-DV的前反向峰值速率与1× EV-DO Release A基本一致。由于1× EV-DO的发展前景相对明朗，目前主要针对1× EV-DO这一发展分支，考虑CDMA2000无线传输技术的进一步发展。在2005年6月的3GPP2会议上，对下一代EV-DO网络功能要求进行了研讨，对采用OFDM多载波方案和MIMO多天线技术达成了共识，以提供与WCDMA R7相媲美的带宽无线传输。由此可见，不但同属于CDMA2000标准系列的1× EV-DO和1× EV-DV在峰值速率的设计上是一致的，而且分属于不同3G技术体制的1× EV-DO与HSDPA在前向峰值速率设计上也是一致的。这种一致性是由共同的业务需求决定的。

（2）网络融合

1）3G网络融合的要求。ITU最初希望全球统一3G标准，其中包含了3G网络融合的思想，主要体现在以下两方面：

① 3G网络的后向兼容性。为了保护2G网络投资，降低3G网络业务运营的风险，在3G标准的制定中，要求考虑从多种标准的2G网络向3G网络的平滑演进。

② 3G网络与固定网络的兼容性。为了实现移动业务与固网业务的融合，实现业务的无缝覆盖和多种网络资源的共享，降低业务运营和网络维护的成本，在3G标准的制定中，要求考虑3G网络与固网的互通问题。尽管目前存在多种3G技术标准，但是不同3G技术标准网络之间，以及各种3G技术标准网络与固网之间的互通仍需逐步解决。

2）3G网络融合的方向。3G网络的融合也是电信网、计算机网和广播电视网走向三网融合的第一步。从基本功能架构上看，传统网络从上向下大致可分为业务网、承载网和传输网三部分；3G网络融合固网与移动网后，网络架构从上到下大致可分为业务应用层、业务控制与交换层和承载与传输网络。其中，业务应用层面包含传统业务网中有关业务应用及其应用平台；业务控制与交换层完成传统业务网的呼叫控制、会话管理、用户管理等功能；传统承载网中的信令控制与数据承载功能分别由不同的逻辑实体实现；传统的传输网则由多种传输协议逐渐向IP传输和ATM传输并存，进而统一到IP传输这个方向发展。由此归纳出3G网络融合的方向，即开放的业务应用平台，节省业务开发时间和成本，实现多厂家业务应用设备的互通；统一的业务控制与交换层，采用IMS实现移动网与固网业务上的融合；以IP为核心的承载与传输网。

3. 3G的多址技术

多址技术分为频分多址（FDMA）技术、时分多址（TDMA）技术、码分多址（CDMA）技术和空分多址（SDMA）技术。频分多址是以不同的频率信道实现通信。时分多址是以不同时隙实现通信。码分多址是以不同的代码序列来实现通信的。空分多址是以不同方位信息实现多址通信的。目前，人们对正交变扩频因子码（OVSF）进行了广泛研究，希望彻底解决其生成方法、可用数目和复用等问题；同时对CDMA/PRMA多址协议也给予了极大关注，被视作传统分组预约多址（PRMA）初议的扩展。3G系统中多址技术包括CDMA系统中地址码和各种多址协议两方面研究，对扩频码的选择也就变得很重要。

多址技术是指把处于不同地点的多个用户接入一个公共传输媒质，实现各用户之间通信的技术。多址技术多用于无线通信。多址技术又称为“多址连接”技术。

（1）频分多址（FDMA）技术

FDMA（Frequency Division Multiple Access）是数字通信中的一种技术，即不同的用户分配在时隙相同而频率不同的信道上。按照这种技术，把在频分多路传输系统中集中控制的频段根据要求分配给用户。同固定分配系统相比，频分多址使通道容量可根据要求动态地进行交换。

在FDMA系统中，分配给用户一个信道，即一对频谱，一个频谱用作前向信道即基站向移动台方向的信道，另一个则用作反向信道即移动台向基站方向的信道。这种通信系统的基站必须同时发射和接收多个不同频率的信号，任意两个移动用户之间进行通信都必须经过基站的中转，因而必须同时占用2个信道（2对频谱）才能实现双工通信。

以往的模拟通信系统一律采用FDMA。FDMA是采用调频的多址技术。业务信道在不同的频段分配给不同的用户，如TACS系统、AMPS系统等。FDMA是把通信系统的总频段划分成若干个等间隔的频道（也称信道）分配给不同的用户使用。这些频道互不交叠，其宽度应能传输一路数字话音信息，而在相邻频道之间无明显的串扰。

（2）时分多址（TDMA）技术

时分多址（Time Division Multiple Access，TDMA）是把时间分割成周期性的帧（Frame），每一个帧再分割成若干个时隙向基站发送信号，在满足定时和同步的条件下，基站可以分别在各时隙中接收到各移动终端的信号而不混扰。同时，基站发向多个移动终端的信号都按顺序安排在预定的时隙中传输，各移动终端只要在指定的时隙内接收，就能在合路的信号中把发给它的信号区分并接收下来。

（3）码分多址（CDMA）技术

在CDMA通信系统中，不同用户传输信息所用的信号不是靠频率不同或时隙不同来区分，而是用各自不同的编码序列来区分，或者说，靠信号的不同波形来区分。如果从频域或时域来观察，多个CDMA信号是互相重叠的。接收机用相关器可以在多个CDMA信号中选出其中使用预定码型的信号。其他使用不同码型的信号因为和接收机本地产生的码型不同而不能被解调。它们的存在类似于在信道中引入了噪声和干扰，通常称之为多址干扰。

在CDMA蜂窝通信系统中，用户之间的信息传输是由基站进行转发和控制的。为了实现双工通信，正向传输和反向传输各使用一个频率，即通常所谓的频分双工。无论正向传输或反向传输，除去传输业务信息外，还必须传送相应的控制信息。为了传送不同的信息，需要设置相应的信道。但是，CDMA通信系统既不分频道又不分时隙，无论传送何种信息的信道都靠采用不同的码型来区分。类似的信道属于逻辑信道，这些逻辑信道无论从频域或者时域来看都是相互重叠的，或者说它们均占用相同的频段和时间。

（4）空分多址（SDMA）技术

SDMA是利用空间分割来构成不同信道的技术。举例来说，在一个卫星上使用多个天线，各个天线的波束分别射向地球表面的不同区域。这样，地面上不同区域的地球站即使在同一时间使用相同的频率进行通信，也不会彼此形成干扰。

空分多址是一种信道增容的方式，可以实现频率的重复使用，有利于充分利用频率资源。空分多址还可以与其他多址方式相互兼容，从而实现组合的多址技术，例如“空分-码分多址（SD-CDMA）”

4．3G技术的应用

（1）视频通话

3G时代被谈论得最多的是手机的视频通话功能，这也是在国外最为流行的3G服务之一。相信不少人都用过QQ、MSN或Skype的视频聊天功能，与远方的亲人、朋友“面对面”地聊天。现在，依靠3G网络的高速数据传输，3G手机用户也可以“面谈”了。当用3G手机拨打视频电话时，不再是把手机放在耳边，而是面对手机，再戴上有线耳麦或蓝牙耳麦，会在手机屏幕上看到对方的影像，自己也会被录制下来并传送给对方。

（2）手机购物

打电话，发短信，听音乐，看电影……如果你仍只是使用这些手机功能，那就有点落伍了。发出一条短信就能支付账单；用手机也能像刷银行卡一样在自动售货机购买可乐，在车站购买车票、飞机票……进入3G时代，手机应用再次被运营商作为重点业务。高速3G可以让手机购物变得更实在，高质量的图片与视频会话能使商家与消费者的距离拉近，提高购物体验，让手机购物变为新潮流。

（3）手机办公

随着带宽的增加，手机办公越来越受到青睐。手机办公使得办公人员可以随时随地与单位的信息系统保持联系，完成办公功能。这包括移动办公、移动执法、移动商务等。极大地提高了办事和执法的效率。

3G通信技术已离大众的生活越来越近，它的到来必将掀起一阵无线通信的新浪潮，3G是向未来个人通信演进的一个重要发展阶段，具有里程碑和划时代的意义。在我国由于技术相对落后，经济实力不能满足3G的发展等很多因素，3G需要一定的时间才能实现。总之，3G应用的成熟是一个渐进过程，有待发展中不断完善。综观那些将3G商用的国家，无一例外地没有因为3G的商用而在电信业发展上出现一个历史性的拐点，任何新事物的发展都需要一个平稳过渡的时期，3G也不例外。任何新技术的应用都不是一蹴而就的，其市场应用前景也不是立竿见影就能表现出来的，随着市场规模的不断扩大，3G的应用必定能逐步地走向成熟和丰富。

步骤二：走进4G通信

4G，即第四代通信技术。4G最大的数据传输速率超过100Mbit/s，这个速率是移动电话数据传输速率的1万倍，也是3G移动电话速率的50倍。4G手机可以提供高性能的汇流媒体内容，并通过ID应用程序成为个人身份鉴定设备。它也可以接受高分辨率的电影和电视节目，从而成为合并广播和通信的新基础设施中的一个纽带。此外，4G的无线即时连接等某些服务费用会比3G便宜。还有，4G有望集成不同模式的无线通信—— 从无线局域网和蓝牙等室内网络、蜂窝信号、广播电视到卫星通信，移动用户可以自由地从一个标准漫游到另一个标准。

4G通信技术并没有脱离以前的通信技术，而是以传统通信技术为基础，并利用了一些新的通信技术，来不断提高无线通信的网络效率和功能。如果说3G能为人们提供一个高速传输的无线通信环境的话，那么4G通信会是一种超高速无线网络，一种不需要电缆的信息超级高速公路，这种新网络可使电话用户以无线及三维空间虚拟实境连线。

1. 技术特点

如果说2G、3G通信对于人类信息化的发展是微不足道的话，那么4G通信却给了人们带来了真正的沟通自由，并彻底改变了人们的生活方式甚至社会形态。4G通信具有下面的特征：

（1）通信速度更快

同移动通信系统数据传输速率做比较，第一代模拟式仅提供语音服务；第二代数位式移动通信系统传输速率也只有9.6Kbit/s，最高可达32Kbit/s，如PHS；而第三代移动通信系统数据传输速率可达到2Mbit/s；专家则预估，第四代移动通信系统可以达到10Mbit/s至20Mbit/s，甚至最高可以达到每秒高达100Mbit/s速度传输无线信息。

（2）网络频谱更宽

4G网络在通信带宽上比3G网络的蜂窝系统的带宽高出许多。估计每个4G信道会占有100MHz的频谱，相当于W-CDMA3G网络的20倍。

（3）通信更加灵活

4G通信使人们不仅可以随时随地通信，更可以双向下载传递资料、图画、影像，当然更可以和从未谋面的陌生人网上联线对打游戏。

（4）智能性能更高

第四代移动通信的智能性更高，不仅表现于4G通信的终端设备的设计和操作具有智能化，更重要的4G手机可以实现许多难以想象的功能。例如，4G手机能根据环境、时间以及其他设定的因素来适时地提醒手机的主人此时该做什么事，或者不该做什么事，4G手机可以被看作一台手提电视，用来看体育比赛之类的各种现场直播。

（5）兼容性能更平滑

未来的第四代移动通信系统应当具备全球漫游，接口开放，能跟多种网络互联，终端多样化以及能从第二代平稳过渡等特点。

（6）实现高质量通信

尽管第三代移动通信系统也能实现各种多媒体通信，但4G通信能满足第三代移动通信尚不能达到的在覆盖范围、通信质量、造价上支持的高速数据和高分辨率多媒体服务的需要，第四代移动通信系统提供的无线多媒体通信服务包括语音、数据、影像等大量信息透过宽频的信道传送出去，为此未来的第四代移动通信系统也称为“多媒体移动通信”。

（7）通信费用更加便宜

由于4G通信不仅解决了与3G通信的兼容性问题，让更多的现有通信用户能轻易地升级到4G通信，同时在建设4G通信网络系统时，通信营运商们会考虑直接在3G通信网络的基础设施之上，采用逐步引入的方法，这样就能够有效地降低运行者和用户的费用。

2. 4G标准分类

（1）LTE

LTE（Long Term Evolution，长期演进）项目是3G的演进，它改进并增强了3G的空中接入技术，采用OFDM和MIMO作为其无线网络演进的唯一标准。

LTE的主要特点是在20MHz频谱带宽下能够提供下行100Mbit/s与上行50Mbit/s的峰值速率，相对于3G网络大大提高了小区的容量，同时将网络延迟大大降低：内部单向传输时延低于5ms，控制平面从睡眠状态到激活状态迁移时间低于50ms，从驻留状态到激活状态的迁移时间小于100ms。并且这一标准也是3GPP长期演进（LTE）项目，是近两年来3GPP启动的最大的新技术研发项目，其演进的历史如下：

GSM→GPRS→EDGE→WCDMA→HSDPA/HSUPA→HSDPA+/HSUPA+→FDD-LTE长期演进。

GSM：9K→GPRS:42K→EDGE:172K→WCDMA：364k→HSDPA/HSUPA:14.4M→HSDPA+/HSUPA+:42M→FDD-LTE:300M

由于WCDMA网络的升级版HSPA和HSPA+均能够演化到FDD-LTE这一状态，所以这一4G标准获得了最大的支持，也将是未来4G标准的主流。TD-LTE与TD-SCDMA实际上没有关系不能直接向TD-LTE演进。该网络提供媲美固定宽带的网速和移动网络的切换速度，网络浏览速度大大提升。

LTE终端设备当前有耗电太大和价格昂贵的缺点，按照摩尔定律测算，估计至少还要6年后，才能达到当前3G终端的量产成本。

（2）LTE-Advanced

从字面上看，LTE-Advanced就是LTE技术的升级版，那么为何两种标准都能够成为4G标准呢？LTE-Advanced的正式名称为Further Advancements for E-UTRA，它满足ITU-R的IMT-Advanced技术征集的需求，是3GPP形成欧洲IMT-Advanced技术提案的一个重要来源。LTE-Advanced是一个后向兼容的技术，完全兼容LTE，是演进而不是革命，相当于HSPA和WCDMA这样的关系。LTE-Advanced的相关特性如下：

带宽：100MHz；

峰值速率：下行1Gbit/s，上行500Mbit/s；

峰值频谱效率：下行30bit/s/Hz，上行15bit/s/Hz；

针对室内环境进行优化；

有效支持新频段和大带宽应用；

峰值速率大幅提高，频谱效率有限的改进。

如果严格地讲，LTE作为3.9G移动互联网技术，那么LTE-Advanced作为4G标准更加确切一些。LTE-Advanced的入围，包含 TDD和FDD两种制式，其中TD-SCDMA将能够进化到TDD制式，而WCDMA网络能够进化到FDD制式。移动主导的TD-SCDMA网络期望能够直接绕过HSPA+网络而直接进入到LTE。

（3）WiMax

WiMax（Worldwide Interoperability for Microwave Access），即全球微波互联接入，WiMax的另一个名字是IEEE 802.16。WiMax的技术起点较高，WiMax所能提供的最高接入速度是70M，这个速度是3G所能提供的宽带速度的30倍。

对无线网络来说，这的确是一个惊人的进步。WiMax逐步实现宽带业务的移动化，而3G则实现移动业务的宽带化，两种网络的融合程度会越来越高，这也是未来移动世界和固定网络的融合趋势。

802.16工作的频段采用的是无需授权频段，范围为2～66GHz，而802.16a则是一种采用2G至11GHz无须授权频段的宽带无线接入系统，其频道带宽可根据需求在1.5M至20MHz范围进行调整，具有更好高速移动下无缝切换的IEEE 802.16m的技术正在研发。因此，802.16所使用的频谱可能比其他任何无线技术更丰富，WiMax具有以下优点：

1）对于已知的干扰，窄的信道带宽有利于避开干扰，而且有利于节省频谱资源。

2）灵活的带宽调整能力，有利于运营商或用户协调频谱资源。

3）WiMax所能实现的50公里的无线信号传输距离是无线局域网所不能比拟的，网络覆盖面积是3G发射塔的10倍，只要少数基站建设就能实现全城覆盖，能够使无线网络的覆盖面积大大提升。

不过WiMax网络在网络覆盖面积和网络的带宽上优势巨大，但是其移动性却有着先天的缺陷，无法满足高速（≥50km/h）下的网络的无缝链接，从这个意义上讲，WiMax还无法达到3G网络的水平，严格地说并不能算作移动通信技术，而仅仅是无线局域网的技术。

但是WiMax的希望在于IEEE 802.11m技术上，将能够有效地解决这些问题，也正是因为有中国移动、英特尔、Sprint各大厂商的积极参与，WiMax成为呼声仅次于LTE的4G网络手机。

WiMax当前全球使用用户大约800万，其中60%在美国。WiMax其实是最早的4G通信标准，大约出现于2000年。

3. Wireless MAN-Advanced

Wireless MAN-Advanced事实上就是WiMax的升级版，即IEEE 802.16m标准，802.16系列标准在IEEE正式称为Wireless MAN，而Wireless MAN-Advanced即为IEEE 802.16m。其中，802.16m最高可以提供1Gbps无线传输速率，还将兼容未来的4G无线网络。802.16m可在“漫游”模式或高效率/强信号模式下提供1Gbps的下行速率。该标准还支持“高移动”模式，能够提供1Gbps速率。其优势如下：

1）提高网络覆盖，改建链路预算。

2）提高频谱效率。

3）提高数据和VOIP容量。

4）低时延&QoS增强。

5）功耗节省。

WirelessMAN-Advanced有五种网络数据规格，其中极低速率为16Kbps，低数率数据及低速多媒体为144Kbps，中速多媒体为2Mbps，高速多媒体为30Mbps，超高速多媒体则达到了30Mbps-1Gbps。

但是该标准可能会率先被军方所采用，IEEE方面表示军方的介入将能够促使Wireless MAN-Advanced更快地成熟和完善，而且军方的今天就是民用的明天。不论怎样，Wireless MAN-Advanced得到ITU的认可并成为4G标准的可能性极大。

各技术标准速率对比见表3-4。

表3-4 标准速率对比

制式标准	GSM（EDGE）	CDMA 2000（1x）	CDMA 2000（EVDO RA）	TD-SCDMA（HSPA）	WCDMA（HSPA）	TD-LTE	FDD-LTE
下行速率	384Kbit/s	153Kbit/s	3.1Mbit/s	2.8Mbit/s	14.4Mbit/s	100Mbit/s	150Mbit/s
上行速率	118Kbit/s	153Kbit/s	1.8Mbit/s	2.2Mbit/s	5.76Mbit/s	50Mbit/s	40Mbit/s

4. 4G性能

第四代移动通信系统可称为宽带接入和分布网络，具有上下非对称的数据传输能力，速度一般超过2Mbit/s，数据率超过UMTS，是支持高速数据连接的理想模式。其上网速度从2Mbit/s到100Mbit/s，具有不同速率间的自动切换能力。

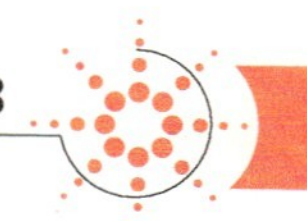

第四代移动通信系统是多功能集成的宽带移动通信系统，在业务上、功能上、频带上都与第三代系统不同，会在不同的固定和无线平台及跨越不同频带的网络运行中提供无线服务，比第三代移动通信更接近于个人通信。第四代移动通信技术可把上网速度提高到超过第三代移动技术50倍，可实现三维图像高质量传输。

4G移动通信技术的数据传输速度要比3G移动通信技术高一个等级。对无线频率的使用效率比以往的2G、3G系统都高得多，且信号抗干扰、抗衰落性能更强。除了高速信息传输速度外，它还包括高速移动无线信息存取系统、安全密码技术以及终端间通信技术等，具有极高的安全性，4G终端还可用作诸如定位、告警等。

4G手机系统下行速度为100Mbit/s，上行速度为30Mbit/s。其基站天线可以发送更窄的无线电波波束，在用户行动时也可进行跟踪，可处理数量更多的通话。

第四代移动电话不仅音质清晰，而且能进行高清晰度的图像传输，用途会十分广泛。在容量方面，可在FDMA、TDMA、CDMA的基础上引入空分多址（SDMA），容量达到3G的5～10倍。另外，可以在任何地址宽带接入互联网，包含卫星通信，能提供信息通信之外的定位定时、数据采集、远程控制等综合功能。它包括广带无线固定接入、广带无线局域网、移动广带系统和互操作的广播网络。

其无线局域网能与B-ISDN和ATM兼容，实现宽带多媒体通信，形成综合宽带通信网（IBCN），通过IP进行通话。能全速移动用户提供150Mbit/s的高质量的影像服务，实现三维图像的高质量传输，无线用户之间可以进行三维虚拟现实通信。

能自适应资源分配，处理变化的业务流、信道条件不同的环境，有很强的自组织性和灵活性。能根据网络的动态和自动变化的信道条件，使低码率与高码率的用户能够共存，综合固定移动广播网络或其他的一些规则，实现对这些功能体积分布的控制。

支持交互式多媒体业务，如视频会议、无线互联网等，提供更广泛的服务和应用。4G系统可以自动管理、动态改变自己的结构以满足系统变化和发展的要求。用户可能使用各种各样的移动设备接入到4G系统中，各种不同的接入系统结合成一个公共的平台，它们互相补充、互相协作以满足不同的业务要求，移动网络服务趋于多样化，最终会演变为社会上多行业、多部门、多系统与人们沟通的桥梁。

思考题

4G网络有哪些技术特点，和3G网络比有哪些优势？

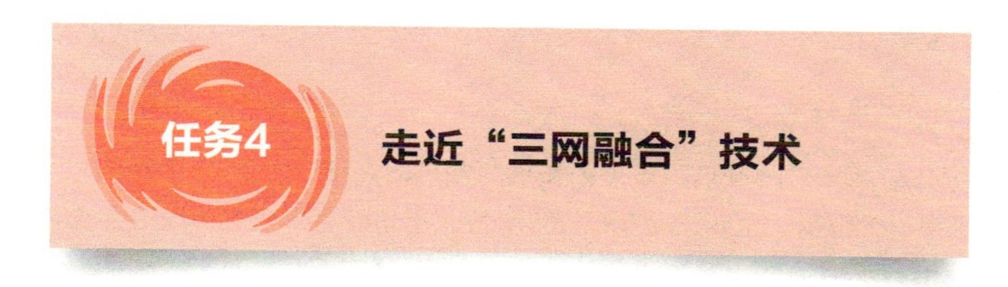

任务4 走近“三网融合”技术

知晓“三网融合”网络技术、应用实例。

任务实施

步骤一：宽带接入技术

1. 利用铜轴线揽，用XDSL实现宽带接入

在宽带业务发展的初期和中期，宽带用户需求和宽带业务普及率较低，将FTTC（或FTTB），特别是APON与ADSL（或VDSL）技术相结合可以提供光纤敷设成本、电子设备成本和提供的带宽能力方面的最佳平衡，是一种比较理想的宽带混合接入方案。

2. 采用FTTC+HFC实现全业务接入

HFC和基于PON的FTFC是两种较好的接入方式，但各自有不足之处：HFC在传送模拟CATV信号方面有优势，但开展语音、数据接入方面可靠性差，且上行信道频带窄、易受噪声“漏斗”效应的影响和信号间串扰；此外，模拟信道对数字业务开展也不利。HFC是在现有的CATV网基础上建设，在成本上具有很大优势；而FTTC采用有源光网PON技术，提高了通信传输质量，解决了上行传输中的带宽问题，但它不支持模拟分配式视像业务（CATV业务）的传送。将上述两种技术优化组合而形成新的网络结构，便可支持所有业务的接人。

3. 发展宽带PON

XDSL技术和HFC网络中Cable Modem是目前提供宽带接入的基本方案，但它们的发展受传输距离、最大容量或噪声干扰的限制。因此，它们只是宽带接入的过渡方案，宽带光纤接入才是接入网发展的主要方向。引入光纤有几种方案，根据当前具体情况，在近期和中期应主要采用FTFC/FTTB方案。PON是比较有前途的网络结构，网络可靠性高、成本低、分支能力强、对业务透明、易于升级扩容。窄带PON可方便地升级到宽带PON，还可继续使用WDM扩容。宽带无源光纤网（BPON）是宽带接入的一种较好结构，特别是以ATM为基础的无源光网络（APON），结合了ATM多业务多比特率支持能力和无源光网络透明宽带传送能力，是BPON的发展方向。

4. WDM进入接入网

为了满足接入网容量不断增长的需要，可采用光分插复用器（OADM）来扩大主干层容量。不同波长用于网络的不同节点，不仅具有良好的保密性、有效性和安全性，而且可以不变接入网结构而将宽带业务逐渐引入，从而实现平稳升级。 当所需容量超过了PON所能提供的速率时，WDM—PON不需要使用复杂的电子设备来增加传输比特率，仅需引入一个新波长就可满足新的容量要求。目前的水平可实现16～32个波长的密集波分复用（DWDM），从长远看则有可能实现数百个波长的高密集波分复用或频分复用系统，将来甚至可以实现一个用户一个波长。

5. 发展LMDS，实现宽带无线接入

本地多点分配系统（LMDS）是一种新兴的宽带接入技术，以点对多点的广播信号传送方式提供高速率、大容量、全双工的宽带接入手段。运用LMDS可实现用户远端到骨干网的宽带无线接入，进行包括话音、数据、图像的传输，也可作为互联网的接入网。LMDS工作在28GHz波段附近，可用宽带达到1GHz以上，通过若干个类似蜂窝的服务区提供业务，每个服务区建立一个基站，用户远端通过基站接入骨干网。

步骤二：基于光缆的宽带光纤接入技术

1. 宽带有源光接入

在各种宽带光纤接入网技术中，应用最普遍的是采用SDH（同步数字传输网）技术的接入网系统。这种系统是一种有源光接入系统。SDH技术是一种成熟、标准的技术，广泛应用在骨干网中。将SDH技术应用在接入网中，可以极大发挥SDH技术在核心网中的巨大带宽优势和技术优势，宽带接入网领域，可以充分利用SDH同步复用、强大的网络管理能力、标准化的光纤接口、灵活的网络拓扑结构和高可靠稳定性带来的优点，这样可在接入网的建设发展中长期受益。SDH技术应用在接入网中虽然已经很普遍，但目前主要仍只是FTTC（光纤到路边）、FTTB（光纤到楼）的程度，FTTH（光纤到户）仍然在建设中。因此，要真正向用户提供大带宽业务能力，单单采用SDH技术解决馈线、配线段的宽带化是不够的，在引入线部分可分别采用FTTB/C+XDSL、FTTB/C+Cable Modem、FTTB/C+局域网接入等方式提供业务。

2. 宽带无源光接入网

在各种宽带接入技术中，无源光网络因为其容量大、传输距离长、较低成本、全业务支持等优势正逐渐成为热门技术。PON（Passive Optical Network）无源光网络实现了FTTH的一项主要技术，提供了点到多点的光纤接入解决方案，它由光线路终端、用户侧的光网络单元以及光分配网络组成。其下行采用TDM（时分复用模式）广播方式、上行采用TDMA（时分多址接入）方式，构成点到多点树形拓扑结构。PON光接入技术最大的亮点，即是无源，它不依靠任何有源电子器件和电子电源，只由光分路器（Splitter）等一系列无源器件组成，管理维护运营成本较低。

EPON是无源光网的一项主要技术。EPON技术是将以太网技术与无源光网络相结合，按照IEEE802.3ah标准协议实现1.25Gbit/s上下行对称的传输速率。作为光纤接入网到户的重要解决方案，EPON技术具有ADSL、LAN等无法比拟的特性，也比APON、BPON、GPON等技术更为高效地满足了“Everything over IP”的多业务接入需求。EPON接入网由于其投资成本低、操作和维护简便，是运营商解决“最后一公里”FTTH，宽带连接问题的一种经济有效的解决方案。目前，EPON技术已经在国内外得到了大规模的应用，是目前主要的接入网技术。

通过EPON系统设备，利用FTTH或者FTTB光纤网络来覆盖家庭和企业用户，同时提供1Gbit/s的传输带宽。运营商可以用经济的方式，方便地实现高速上网，IPTV等高带宽IP数字业务的传送。

EPON系统继承了PON的主要结构特点，由OLT（Optical Line Terminal，光纤线路终端）和ONU（Optical Network Unit，光纤网络单元）以及分离器（Splitter）构成，OLT提供到IP城域网，IPTV承载网，NGN软交换网上行接口。按照用户不同业务的需求，运营商可选择合适的终端ONU设备，来满足FTTH、FTTB、FTTC、FTTC+EoC等多种应用场景。典型的EPON组网方案如图3-19所示。

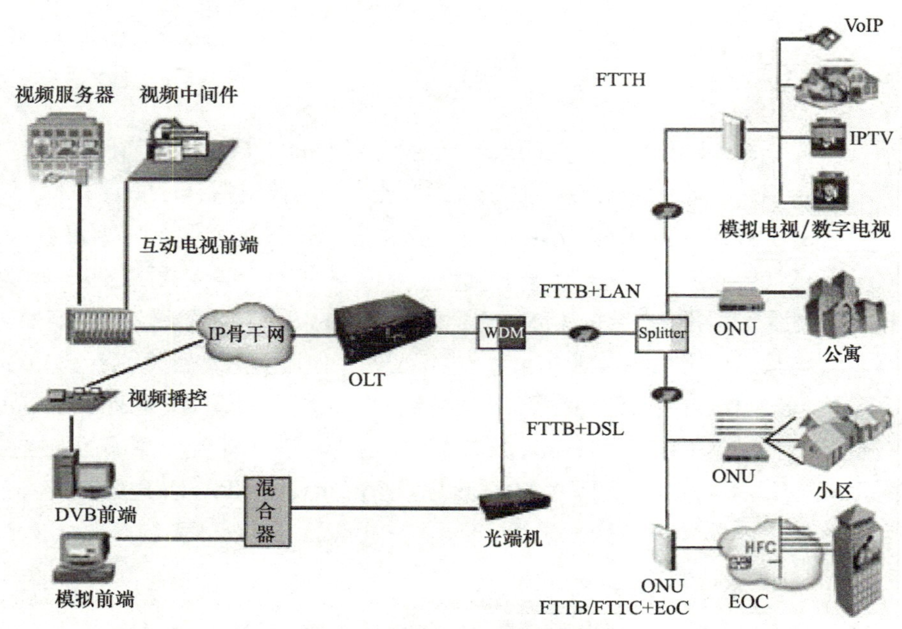

图3-19　EPON组网结构图

步骤三：宽带IP技术

TCP/IP技术是一种广域网技术，适用于不同传输技术和传输媒体。传统上，其所采用的底层接入网协议是资源共享方式，基本为面向无连接业务方式。这种分组包交换网络对各种业务一律平等。为了完成通信任务，它们需在分组包中携带包括信源和信宿地址在内的路由信息，并在每个节点进行路由寻址，交换速率低，当网络拥塞时，无法保证传输实时业务的服务质量。然而，近年来，宽带IP网技术发展迅速，许多关键技术相继被突破，出现了吉位以太网技术，迅速使以太网从一种专用网络技术发展成公用网络技术。采用吉位路由交换机为核心设备，在光缆上直接架构宽带IP网已经成为当前宽带综合业务骨干网主流组网技术之一。该网络的优点：带宽宽，容量大，具有透明的交互业务功能。全网络结构统一，设备简化，统一使用IP协议，同外国网络可实现真正无缝连接，便于向优化光学网络过渡。便于与国家信息基础设备NII开放式网络模型要求接轨。性能价格比优，标准成熟，运用广泛。接入方便灵活，易于扩展和推广应用。能较好地保证QoS，具有现实经济性和持续先进性。

步骤四：视频编码技术

现在国内外已经开展的IPTV业务基本上都是MPEG-2，与现在的DVD相同，在编码时对图像和声音的处理是分别进行的，这种处理方式压缩效率较低，而且不利于传输。目前的趋势是使用更适合流媒体系统的H. 264/MPEG-4，AVS是我国具有自主知识产权的新一代编码方式，复杂性更低。目前运营商在编码标准的选择上还没有统一。视频信号输入计算机，完成数字化后，仍不能马上直接使用，一般要经过视频编辑才能使这些视频素材文件达到要求。

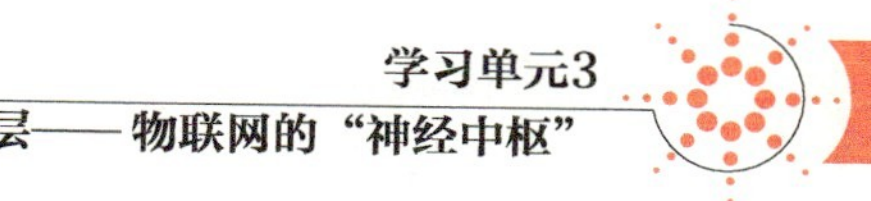

步骤五：软件技术

软件技术的发展，尤其是联合与协调不同操作系统、不同网络环境间的中间件技术；面对日益增长的大规模服务请求、高可用且有良好伸缩能力与容错效果的软交换平台系统的发展，使得三大网络及其终端都能通过软件变换，最终支持各种用户所需的特性、功能和业务。

思考题

“三网融合”是指哪三网？简单分析身边的案例。

项目总结

通过远程抄表系统平台说明采集到的数据通过何种网络形式传递到服务器，这种网络传输方式可以有多种选择，比如Wi-Fi，GPRS流量模式（使用手机卡）等。现在手机上广泛使用的3G或4G网络需要理解它们名词的概念，以及基本的特征。明确三网融合的概念及融合的原因。

项目5 走近物联网接入技术

项目概述

物联网接入技术是构建物联网的核心，是将各种物品与互联网连接起来，进行信息交换和通讯的主要网络技术，通过网络接入才能实现对物品的智能化识别、定位、跟踪、监控和管理。

项目目标

1）了解物联网接入的网关技术；
2）了解物联网网关应用案例。

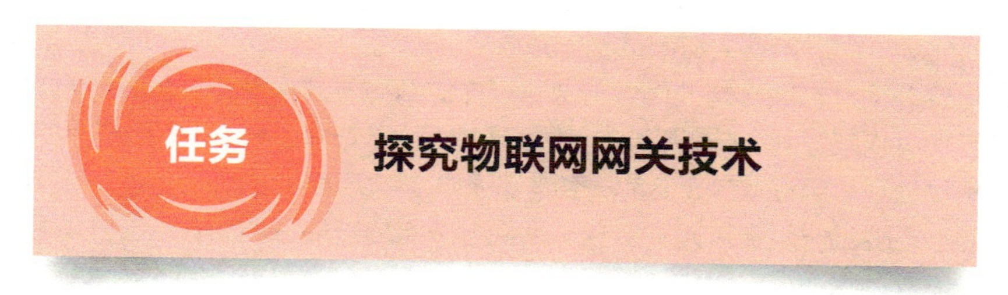

了解物联网网关技术以及原理。

任务实施

步骤一

物联网网络可分为三层：感知层、网络层和应用层，物联网网关就是连接感知层和网络层的重要技术。在物联网时代中，物联网网关将会是至关重要的环节。如图3-20所示，为物联网网络框架图。

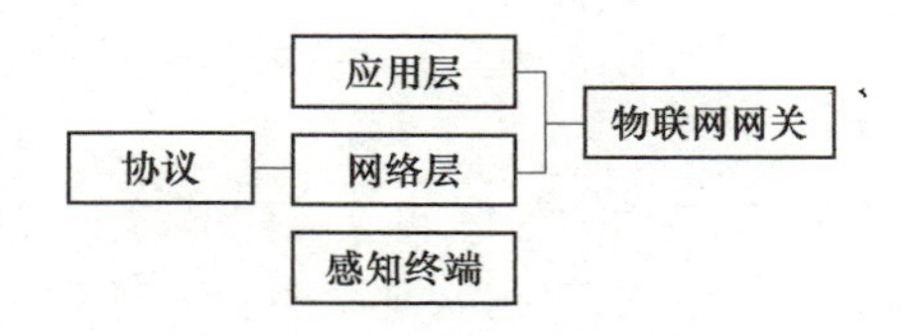

图3-20　物联网网络框架

1. 物联网网关概念

物联网网关用来连接感知层与网络层，可以实现感知网络与通信网络，以及不同类型感知网络之间的协议转换。其既可以实现广域网互联．也可以实现局域网互联。在无线传感网络中，物联网网关是不可或缺的核心设备。此外，物联网网关还需要具备设备管理功能，网络管理者通过物联网网关设备可以管理底层的各感知节点和终端，了解各节点的实时信息，同时实现远程控制。

2. 物联网网关的形态

从物联网网关的定义来看，物联网网关很难以某种相对固定的形态出现。总体说凡是可以起到将感知层采集到的信息通过此终端的协议转换发送到互联网的设备都可以算作物联网网关。形态可以是盒子状也可以是平板式计算机，可以是有显示屏幕的交互式形态，也可以是封闭或半封闭的非交互形态。

步骤二：物联网网关关键技术

多标准互通接入能力：目前用于近距离通信的技术标准很多。常见的传感网技术包括ZigBee、Z-Wave、RUBEE、WirelessHART、IETF6IowPAN、Wibree、Insteon等。各类技术主要针对某一类应用展开，之间缺乏兼容性和体系规划。如：Z-Wave主要应用于无线智能家庭网络，RUBEE 适用于恶劣环境，WirelessHART 主要集中在工业监控领域。实现各种通信技术标准的互联互通，成为物联网网关必须要解决的问题。是针对每种标准设计单独的网关，再通过网关之间的统一接口实现，还是采用标准的适配层、不同技术标准开发相应的接口实现。物联网网关典型结构如图3-21所示。

网关的可管理性：物联网网关作为与网络相连的网元，其本身要具备一定的管理功能，包括注册登录管理、权限管理、任务管理、数据管理、故障管理、状态监测、远程诊断、参数查询和配置、事件处理、远程控制、远程升级等。如需要实现全网的可管理，不仅要实现网关设备本身的管理，还要进一步通过网关实现子网内各节点的管理，例如获取节点的标识、状态、属性等信息，以及远程唤醒、控制、诊断、升级维护等。尽管根据子网的技术标准不同，协议的复杂性不同，所能进行的管理内容有较大差异。

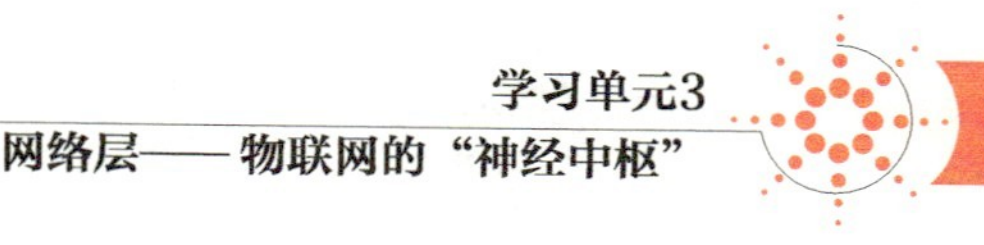

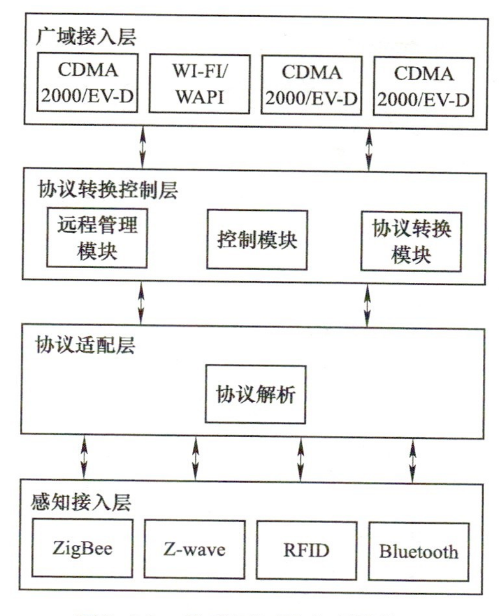

图3-21　物联网网关典型结构图

步骤三

1. 物联网网关应用方向

有物联网应用的地方，必然有物联网网关的存在。通过连接感知层的传感器、射频（RFID）、微机电系统（MEMS）、智能嵌入式终端，物联网网关的应用将遍及智能交通、环境保护、政府工作、公共安全、平安家居、智能消防、工业监测、环境监测、路灯照明管控、景观照明管控、楼宇照明管控、广场照明管控、老人护理、个人健康、花卉栽培、水系监测、食品溯源、敌情侦查和情报搜集等多个领域。不同的应用方向的物联网网关所使用的协议与网关形态会存在差异，但它们的基本功能都是把感知层采集到的各类信息通过相关协议转换形成高速数据传递到互联网，同时实现一定管理功能。网关应用示意图如图3-22所示。

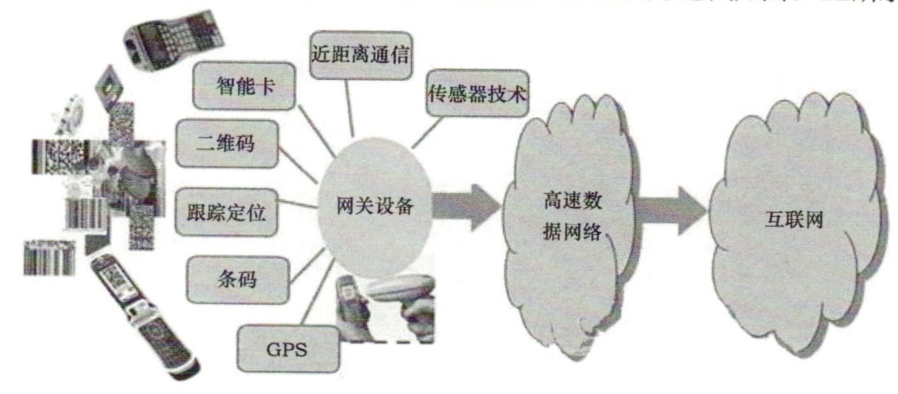

图3-22　网关应用示意图

2. 物联网网关应用实例

物联网网关在家庭中的使用也是很有代表性的。现今，家庭里的许多家用设备形式越来越多样，有些设备本身就具备遥控能力，如空调、电视机等，有些如热水器、微波炉、电饭煲、冰箱等则不具备这方面能力。而这些设备即使可以遥控，遥控器的控制能力、控制范围都是非常有限的。并且这些设备之间都是相互独立存在的，不能有效实现资源与信息的共享。随着物联网技术的发展，特别是物联网网关技术的日益成熟，智能家居中各家用设备间互联互通的问题也将得到解决。

智能家居模型如图3-23所示，电视、洗衣机、空调、冰箱等家电设备，门禁、烟雾探测器、摄像头等安防设备，台灯、吊灯、电动窗帘等采光照明设备等，通过集成特定的通信模块，分别构成各自的自组网子系统。而在家庭物联网网关设备内部，集成了几套常用自组网通信协议，能够同时与使用不同协议的设备或子系统进行通信。用户只需对网关进行操作。便可以控制家里所有连接到网关的智能设备。

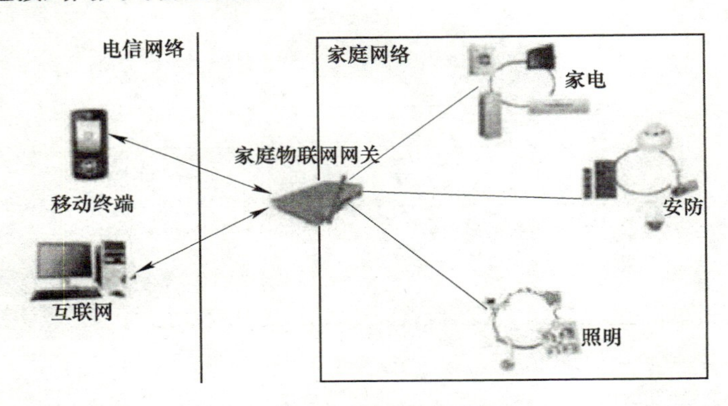

图3-23　智能家居模型

思考题

什么是物联网网关?

项目总结

本项目主要讲解了物联网网关的一些常见技术，需要读者重点理解物联网网关的技术和功能。

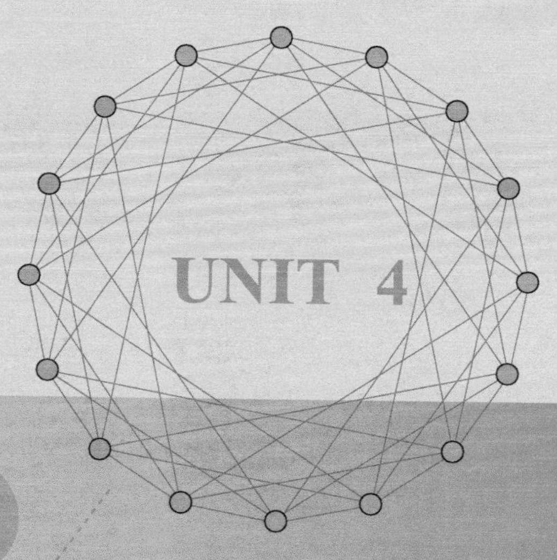

学习单元 4

应用层——物联网的“大脑”

单元概述

本单元以物联网在社会生活中的一些具体应用为例，让学生去了解物联网在车联网、公交智能调度、水污染监控等方面的应用，实现对物联网服务与管理应用的理解。并在此基础上掌握物联网的数据融合技术、云计算技术、信息安全与隐私保护技术。

物联网系统的应用层功能主要体现在：

1）可以在后台观测感知或采集上来的各种数据；

2）可以对以上相关数据进行统计分析，做出相关决策；

3）可以实现系统自动控制或远程控制；

4）可以解决相关参数调整问题。

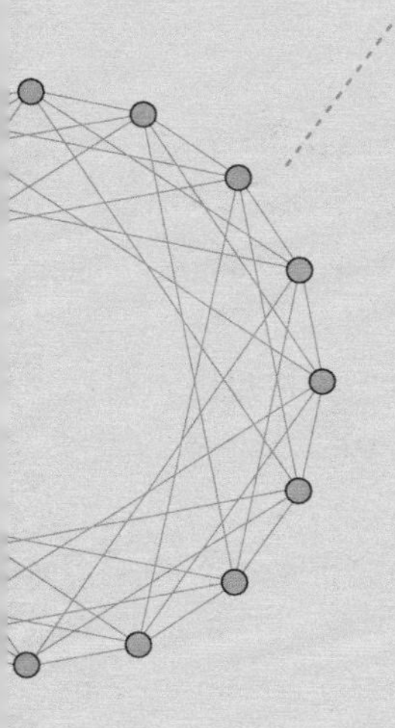

学习目标

1）了解车联网应用技术；

2）了解物联网数据融合技术的概念；

3）初步了解物联网云计算技术；

4）掌握物联网的基本应用技术；

5）提高学生信息安全的意识、隐私保护的能力。

项目1　车联网之数据融合技术

项目概述

本项目以车联网为例，说明数据融合是数据采集并集成各种信息源、多媒体和多格式信息，从而生成完整、准确、及时和有效的综合信息过程。多传感器融合技术研究的是如何结合多源信息以及辅助数据所得的相关信息以获得比单个传感器更准确、更明确的推理结果。

项目目标

1）了解车联网、智能调度系统；

2）了解物联网的数据融合技术；

3）理解物联网中数据融合的层次结构。

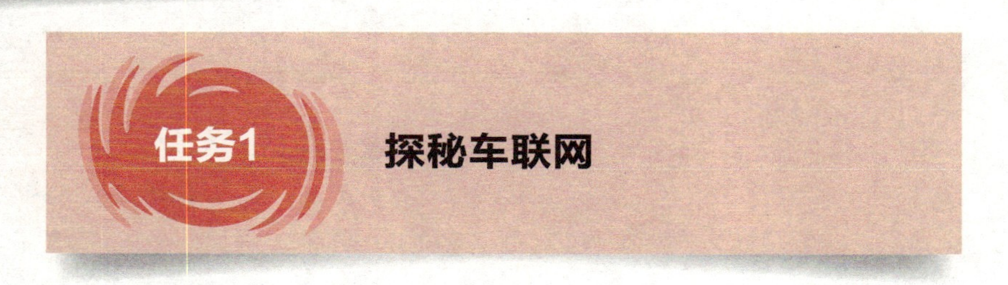

任务1　探秘车联网

现在私家车越来越多，当你进入车内（图4-1），车门没关好，车会报警；汽油不够了，车会报警；下雨了，刮水器会自动打开；甚至汽车可以自动泊车，解决了诸多车友泊车技术差的烦恼。这些我们经常在用，但是“车联网”这个名词离我们较远。

从这些层面出发，汽车自动化会向哪个方向发展？下面我们将探究这个问题。

任务实施

步骤一：案例分析1

“天越来越暗了，该把车灯打开了。”看到这样的消息，你会肯定地认为是人发出的吧？但是，这确实是一款车发出的，它的名字叫AJ，是一辆2013版的福特嘉年华。它的跟踪者们发现，它除了会报告出现的问题，也有心情非常好的时候。例如，它会发出“当前交通很顺畅，没有下雨，我十分享受蜿蜒的道路。”这样的消息。

安装在AJ上的软件叫作“Auto Matic Blog”（图4-2），它可以与汽车收集到的数据进行连接，包括汽车所在位置、行驶速度、加速状况和刹车等。同时，它也收集挡风玻璃、转向装置及GPS的数据，然后把它们与从互联网上筛选的信息综合起来。因此，这个软件可以提供实时交通状况和天气预报等信息，然后在网络上发布例如“路上交通拥堵，往后50mile（1mile≈1609.34m）也没什么希望。”之类的消息。

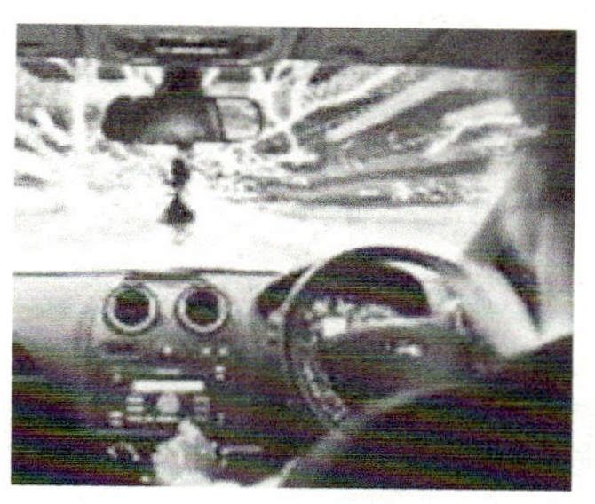

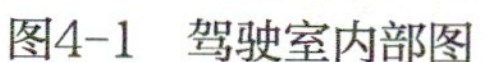

图4-1　驾驶室内部图　　图4-2　Auto Matic Blog 软件

这样的汽车还距离人们多远呢？随着相关技术越来越多地被安装在中国出售的汽车上，一种更加主动的汽车生活概念正在改变着人们的出行体验。

依据上面的案例，填写表4-1。

表4-1　填写

序　号	车联网技术点	备　注
1	监测汽车行驶速度，显示在仪表盘或移动端上	
2		
3		
4		

步骤二：案例分析2

宝马无后视镜汽车：用摄像头替代后视镜

北京时间2016年1月7日消息，宝马公司在美国国际消费电子展（CES）上展示了一款i8概念车。这款车没有任何后视镜（图4-3，图4-4）。

在这款宝马i8中，车内和车身两侧的后视镜被三个摄像头替代，通过一块专用的屏幕，驾驶人可以了解车后方和两侧的情况。

在这三个摄像头中，有两个位于车身两侧后视镜的部位。不过，安装摄像头的支架比当前的后视镜设计更小巧。第三个摄像头位于后风窗玻璃的位置。车载软件将对三个摄像头传来的画面进行拼接，从而获得宽视角的画面。通过普通车内后视镜位置的一块屏幕，用户将可以看到高清视频。

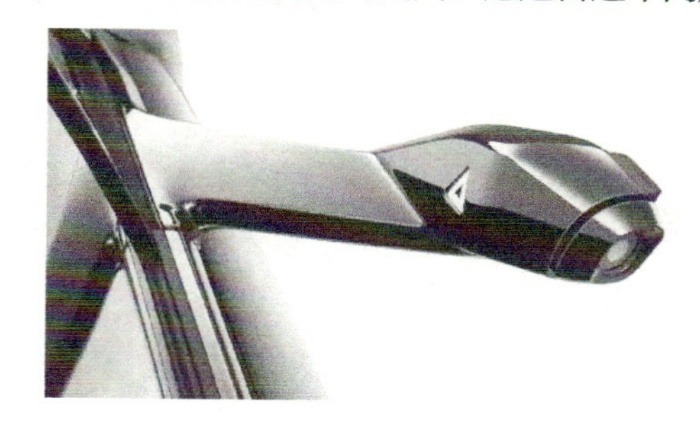

图4-3　i8局部图

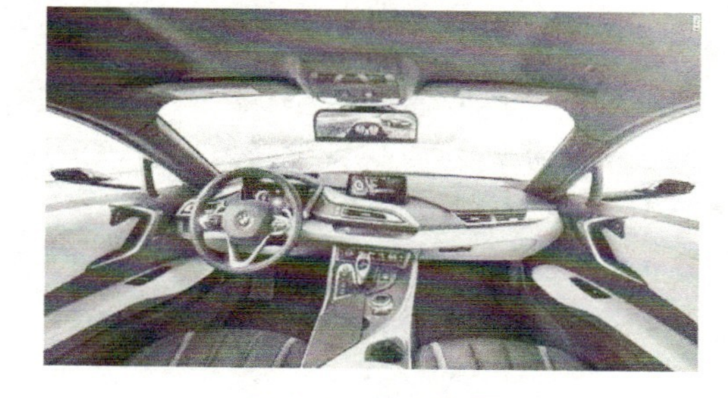

图4-4　i8内饰图

对于这一技术，宝马公司表示：“以往驾驶人会遇到危险的盲区。通过这种技术获得的画面将会比车内和车外后视镜看到的更清楚。驾驶人也不再需要调节后视镜。”

如果感知到危险的障碍物，那么车载软件系统也将在屏幕上发送告警信号。

宝马公司表示，去掉侧方后视镜带来的不仅仅是更好的安全性。由于针对空气动力学和空气声学的优化，新设计将减小风阻和风噪。这将有助于提高燃油经济性。

然而，这样的汽车目前还无法在美国合法地上路。根据美国全国高速公路交通安全管理局的规定，汽车必须配备后视镜。通用汽车在最新的凯迪拉克CT6上提供了类似的功能，但这款车型也配备了标准的后视镜。

依据上面的案例，谈一谈你对i8这款概念车中“车联网”技术的认识。

知识链接

车联网产业发展趋势分析

车联网的第一个大趋势——汽车安全

汽车安全主要的关注点是避碰。很多研究发现，人为的错误在95%的情况下会导致很多碰撞的事故。因此车联网可以在这方面使道路变得更加的安全。

提到汽车安全，不得不提到驾驶辅助系统，这些系统加在一起，就像是你在道路上的眼睛，四面八方都能看得清，除了有预警系统、变道辅助系统，它可以使车辆的碰撞减少5%～10%。此外如果是有自动刹车，这可以使得避碰进一步减少20%碰撞事故。

车联网的第二个大趋势——半自动化汽车

所有这些驾驶辅助系统的技术，都可以让我们进行自动驾驶。

很多企业把车作为无线的点，让驾驶员保持联网。很多消费者希望在车内车外，与在家和在工作场所一样实现无线互联。现在各个汽车都有各自的软件系统，它们可以进行数据的互动，甚至可以上传到经销商的网络进行更新。

车联网的第三个大趋势——基于云，基于无线的OTA（空中下载技术）

现在汽车制造商从硬件关注更多的转向软件的关注。福特和微软已经发布了基于云的基础设施，可以对汽车进行OTA升级。菲亚特、克莱斯勒公司升级了四款他们的车型。他们现在增加了车辆诊断系统，能够直接向驾驶人发送车辆诊断报告。此外本田、特斯拉也推出了他们的OTA助手。特斯拉有针对充电的OTA助手，可以计算离你最近的充电设施有多远，就像是对你的手机软件进行更新一样。

车联网的第四个大趋势——V2V即车对车的通信

自动驾驶汽车本身会有一些限制和局限。比如一个自动驾驶的汽车，可能到了某一个位置才知道那边有一个桥或者一个特别的位置。那么如果能够对于周围的车况，各个车把周围的车况信息相互通信的话，那就很好。可能路上有一个塑料袋，或者有一个水泥块，有的车距离比较远分不清，但是前方的车辆可以把信息和其他的车辆分享，这就是V2V。输入你的速度或者临近汽车的方位，是要左转还是右转，以产生提前的警示。这样有机会降低50%的汽车碰撞或者事故，每年可以保护数以千计的人的生命。

车联网的第五个大趋势——降低油耗、减缓堵塞

车联网不仅可以减少故障，挽救人的性命，另外还可以节约大家的驾驶时间，减缓交通堵塞，另外一方面可以降低燃油的浪费。车联网或者智能汽车可以实实在在降低油耗。美国政府预计，25%的拥堵是由于一些小的碰撞引起，包括高峰时期的碰撞。所以一些新的安全系统，能够让车减少碰撞，即减少了拥堵，变相提高了整个燃油经济性。

另一方面，麻省理工学院也估计车联网可以减少20%的加速减速，能够将整个油耗和碳排放降低5%，这并不是很难的方式，但是却实现了非常好的降低油耗的效果。

思考题

1）列举三个车联网案例。

2）在车联网技术中，传递信息的“网络”是什么？

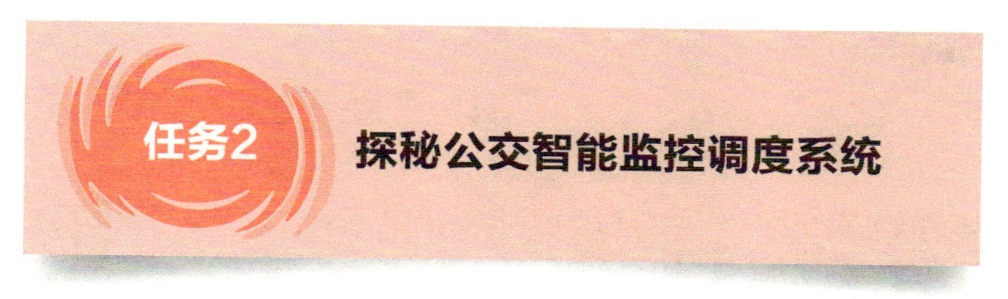

公交智能调度系统是利用GPS/北斗定位技术、无线通信技术（包括GPRS和CDMA等）、GIS地理信息系统技术、计算机网络和数据库技术、互联网技术，实现公交车辆实时监控和调度。变瞎子调度为聪明调度，实现乘客明白候车、聪明乘车（见图4-5）。

图4-5　公交运营调度监控中心

任务实施

步骤一：案例分析

随着人们安全意识的逐步加强，公共交通安全已成为社会大众十分关心的问题。城市公交作为城市交通运输的重要组成部分，是政府和公众提倡的低碳环保、绿色出行的首选交通工具。但是，由于城市公交属于公共交通，以往在乘车安全和治安管理方面存在很多的盲区。所以政府公安部门和运输公司迫切需要通过无线车载视频监控系统，对城市公交的运行和管理进行实时、有效的监控管理，才可以确保公交车上公众的安全，有效打击违法犯罪，最大限度地保障人民生命财产安全（见图4-6）。

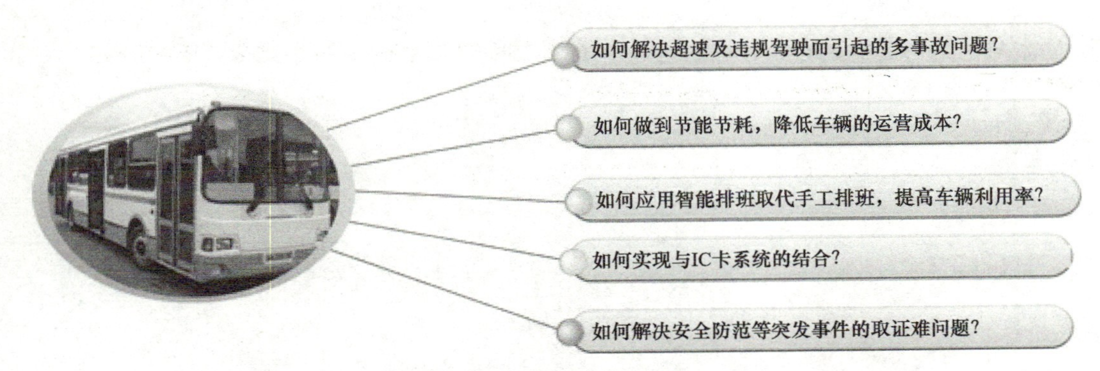

图4-6　公交智能调度系统

公交智能调度系统由终端车载监控系统、视频监控平台、公交调度系统三大部分组成，终端车载监控系统包括无线车载硬盘录像机、车载摄像机、车载拾音器、车载显示屏、车载GPS/北斗、报站器等（见图4-7）。

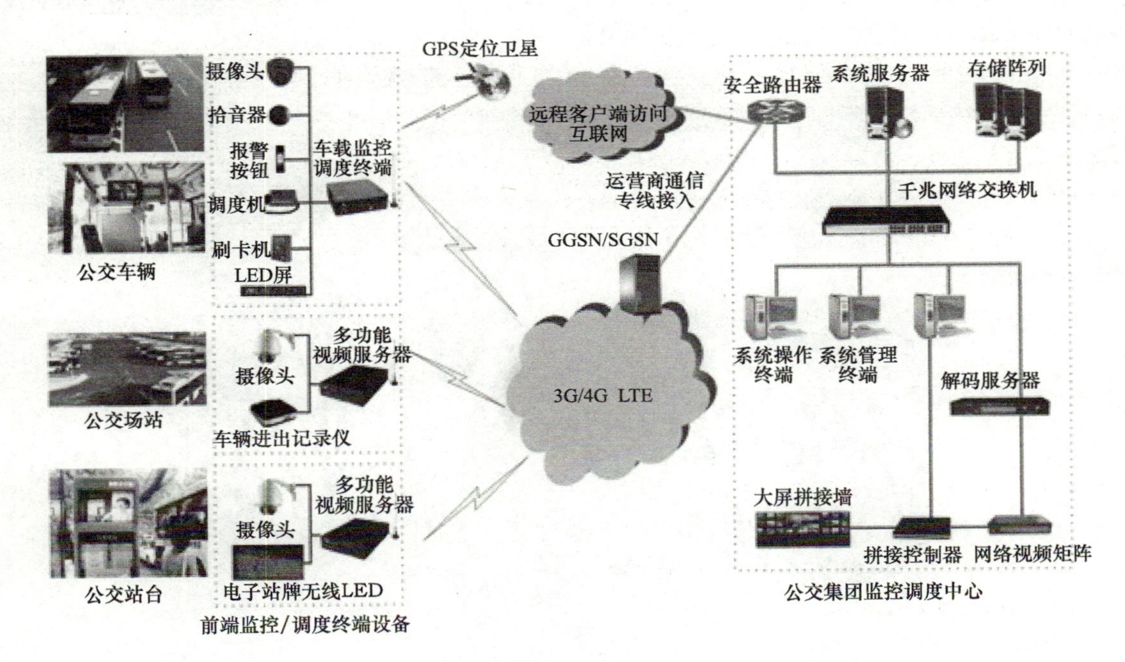

图4-7　公交智能调度系统拓扑图

步骤二：阅读：公交智能调度系统总体结构与功能

公交智能调度系统主要由多功能车载终端和公交车辆监控和调度中心组成。

多功能车载终端主要由控制单元、GPS接收模块、GPRS收发模块和自动计数等模块组成。控制单元通过GPS模块定时采集公交车辆位置和速度等信息，并对采集的数据进行相应的处理和显示。接着控制单元通过GPRS模块将打包的数据发送到公交车辆监控和调度中心。与此同时，控制单元检测GPRS模块是否有数据传入，有则对数据进行相应的处理和显示（见图4-8）。

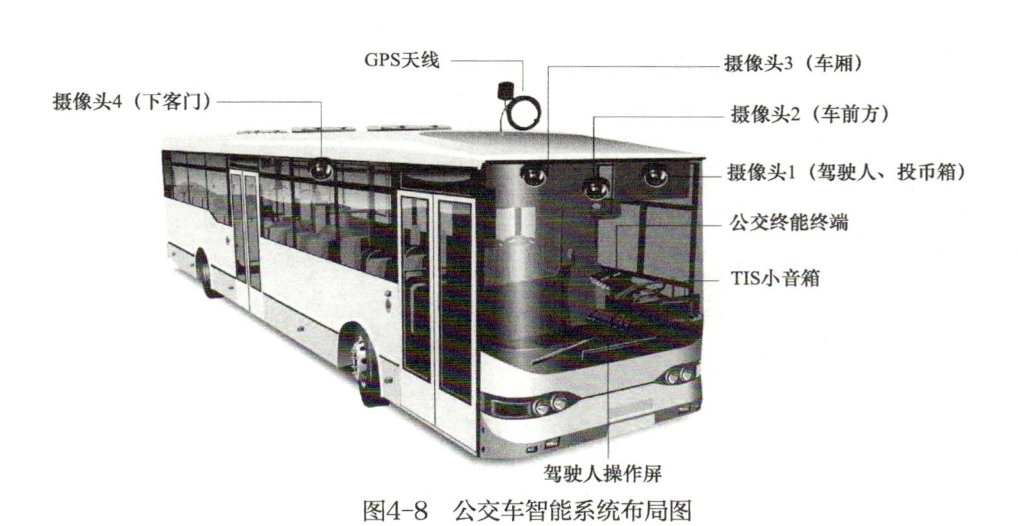

图4-8　公交车智能系统布局图

公交车辆监控和调度中心（以下简称“调度中心”）包括GIS平台、数据管理和调度管理三个部分。该监控中心对车载GPS/GPRS移动终端发送过来的数据进行处理。处理后的数据由GIS平台动态地显示出来，并且存储到数据库中以备日后查询。管理人员根据实时的公交车的数据及时处理突发事件，安排或调整调度，并把调度信息通过GPRS实时地发送到车载终端。

建成后的智能调度系统具有如下功能：

1）数据采集功能：通过多功能车载终端，采集车辆的坐标信息，以及车辆的速度信息，并且通过GPRS/GSM传输到调度中心。调度中心通过软件来接收这些信息，并以数据库的方式存储起来，还可以将调度信息发送到车辆的监控终端。

2）调度功能：通过调度中心的专家系统，以及各种经验公式，进行车辆的出发、达到时间的决策，以及车辆线路的选择和改变，并将这些信息以GPRS的形式下达到各个车辆。

3）监控功能：对车辆的当前位置的查询；对车辆实施连续监控；对车辆历史行驶轨迹进行回放；对车辆实施控制；对车辆的紧急报警、区域报警进行显示等。

知识链接

目前，厦门市投资建成的国内领先的智能公交系统，已成为全国首个公交线路完全取消手工路单管理的城市。另外，有了智能公交系统之后，一年来驾驶人进站停车、上下客明显规范。厦门市公交车在岛内限速50km/h，一旦超速，就会收到警报。岛内外的无信号灯人行横道信息都已录入了智能公交系统，车辆经过时，会接到减速慢行的提醒。报站也是自动的，驾驶人以前开车要忙着开门、关门、报站，现在只需开好车。市民最关注的公交实时到站信息查询功能现已正式投入使用，并向广大市民开放。市民每天出门前可以通过手机上网查询一下自己要坐的车还有几站才能到达，这样就可以掐好时间点再出门，从此再也不用望眼欲穿地等公交车了。

厦门公交集团的GPS智能调度管理系统运行到现在，取得了巨大效益，提高了厦门市公交10%的运力。对于厦门公交集团来说，10%的运力相当于增加280辆公交车，可直接创造经济效益约8 600万元（其中节约购车款约4 600万元，节约年运营成本约4 000万元）。这只是在购车方面的概算，在调度方面，公司撤销了原来在每条线路设立的副站调度室，每条线路相应减少了2名调度人员，全公司200多条线路，一年可节省工资性支出达400万元，可节省调度室用电费用40万元。通过公交3G视频监控系统，公交违法犯罪率骤然下降32%，案件破案率上升36%，对维护整个城市的治安环境起到了重要的作用。

除了厦门之外，国内正在开展智能公交以及公交视频监控建设的城市还有北京、武汉、上海、海口、广州、深圳、青岛、合肥、苏州、郑州、株洲等，当然还有一批前几年就开始建造，但是后来运营效果不理想而重新再次改造、增加公交视频监控或者已经有了公交视频监控再增加公交智能化的城市。一个又一个展开的公交改造项目掀起了一股城市公交新时代的风潮，相信会有越来越多的城市加入到这股风潮当中，我国城市公交智能化和视频监控的水平也将会越来越高。

思考题

1）依据平时坐公交车的经历，请举出几个你观察到的“智能调度”的案例。

2）智慧公交调度系统能给我们的生活带来哪些便利？

车联网肯定存在若干感知识别设备，对于这些设备传来的信息，系统是如何处理的呢？

任务实施

步骤一

车辆上传的每一组数据都带有位置信息和时间，并且很容易形成海量数据（见图4-9）。一方面，如果说数据的特征是完整和混杂，而车联网与车有关的数据特征是完整加精准。如某些与车辆本身有关的数据，都有明确的一个ID，根据这个ID可以关联到相应的车主信息，并且这些信息是精准的。

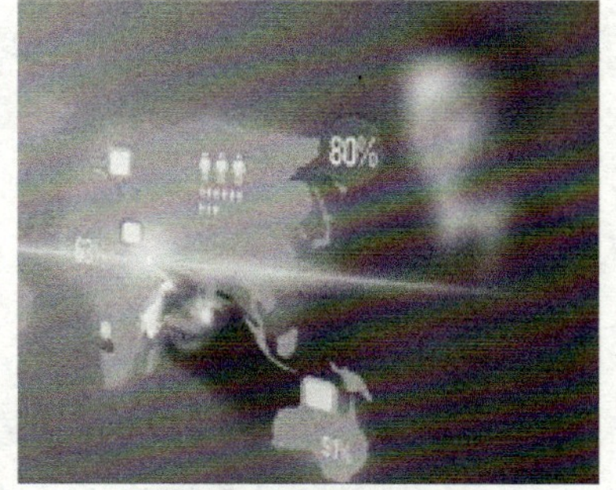

图4-9　车联网示意图

另一方面，可以看到车联网与驾驶人的消费习惯、兴趣爱好等数据特征是完整和部分精确。

目前车联网所提供的主动安全方面的措施大致有胎压监测、故障预警、碰撞报警、安全气囊弹出报警、紧急救援等。但目前在主动安全方面的设备更多是车辆上的一个节点，并没有真正地和数据关联起来。

当汽车在行驶过程中，平台可对轮胎气压进行实时自动监测，并对轮胎漏气和低气压进行报警，以确保行车安全。胎压监测有直接和间接两种，直接的通过传感器来监测，而间接的监测是当某轮胎的气压降低时，车辆的重量会使该轮的滚动半径变小，导致其转速比其他车轮快。

车联网的数据在预测方面可以发挥到极致。例如，预测交通堵塞的地段，实时交通信息，主动安全，公交的排班，驾驶人驾驶行为分析等。

数据的核心在于预测，这在车联网行业非常有用。例如，对于交通流量的预测，就非常需要大量数据。对于交通流量，目前我们的仿真系统更加重视交通流量大，拥堵的原因，而车联网时代，不再在乎因果关系，而重视相关性，也就是不去分析产生拥堵的原因，但确实某个时段某个路段会发生拥堵。也可以根据车联网的大数据对车友的兴趣进行分析（见图4-10）。

图4-10　车联网数据传输

步骤二：多传感器数据融合解读

多传感器数据融合技术形成于20世纪80年代，目前已成为研究的热点。它不同于一般信号处理，也不同于单个或多个传感器的监测和测量，而是对基于多个传感器测量结果基础上的更高层次的综合决策过程。

多传感器数据融合的定义可以概括为把分布在不同位置的多个同类或不同类传感器所提供的局部数据资源加以综合，采用计算机技术对其进行分析，消除多传感器信息之间可能存在的冗余和矛盾，加以互补，降低其不确实性，获得被测对象的一致性解释与描述，从而提高系统决策、规划、反应的快速性和正确性，使系统获得更充分的信息。其信息融合在不同信息层次上出现，包括数据层融合、特征层融合和决策层融合。

由于多传感器数据融合对比于单一传感器信息有如下优点，即容错性、互补性、实时性、经济性，所以逐步得到推广应用。应用领域除军事外，已适用于自动化技术、机器人、海洋监视、地震观测、建筑、空中交通管制、医学诊断、遥感技术等方面。

鉴于传感器技术的微型化、智能化程度提高，在信息获取基础上，多种功能进一步集成以至于融合，这是必然的趋势，多传感器数据融合技术也促进了传感器技术的发展。

知识链接

从诸多的文献和对数据融合本身的理解来看，数据融合是一个框架，它是一个把多源信息通过合适的方法结合起来得到一个更满意的结果的过程。多传感器系统是数据融合的硬件基础，而多源信息是数据融合的对象，协调优化和综合处理是数据融合的核心。

数据融合是指采集并集成各种信息源、多媒体和多格式信息，从而生成完整、准确、及时和有效的综合信息过程。多传感器融合技术研究如何结合多源信息以及辅助数据所得相关信息以获得比单个传感器更准确、更明确的推理结果。

传感器是数据的来源，传感器不一定是物理形式的，数据源或者信息源甚至人工数据都称为传感器；融合是一种数据加工过程，算法将随着数据源的不同以及融合的目标的不同而不同。从功能意思上来看，多传感器数据融合的确具有很强的适用性。而这种适用性的评价在于融合系统的性能评估。

数据融合技术最初发展于军事应用，近年来，它的理论和方法也广泛用于民事应用，而且这两个方向都在不断发展。另外，各种数据融合研究组织以及相关的年会也为它的应用和技术提供了广泛和深入的研讨。目前，多传感器数据融合技术已经获得了诸多领域普遍的关注和广泛的应用，其理论与方法已成为智能信息处理的一个重要研究领域。多传感器数据融合原则上比单个数据源更有优势。除了具有结合同源数据的统计优势外，多种类型的传感器还能提高观测的精度。

比如，用雷达和红外图像传感器同时观测一架飞机，雷达能精确判断飞机的距离，但是不能确定它的方向。而红外成像传感器能精确判断飞机的范围，却不能测量距离。有效地结合这两种传感器数据就能得到比从任何单个传感器上得到的更精确的定位。

数据融合技术为分析、估计和校准不同形式的信息，适应海量数据处理的需要，同时利用这些信息正确反映实际情况提供了可能。数据融合技术的实际使用意义表现为：

1）可扩展系统的时间和空间覆盖范围。

2）可增加系统的信息利用率。

3）可提高系统的容错功能。当一个甚至几个传感器出现故障时，系统仍可利用其他传感器获取信息，以维持系统的正常运行。

4）提高精度。在传感器测量中，不可避免地存在各种噪声，而同时使用描述同一特征的多个信息，可以减少这种由测量不精确所引起的不确定性，显著提高系统的精度。

5）可增强目标的检测与识别能力。多种传感器可以描述目标的多个不同特征，这些互补的特征信息，可以减少对目标理解的歧义，提高系统正确决策的能力。

6）可降低系统的投资，数据融合提高了信息的利用效率，可以用多个较廉价的传感器获得与昂贵的单一高精度传感器同样甚至更好的性能，因此可大大降低系统的成本。

思考题

用自己的语言描述多传感器数据融合的过程。

项目总结

通过解读车联网以及公交车智能调度系统，了解在私家车、公交车或其他车型上物联网技术的应用点，并需要对这些应用点加以解读。同时，要了解一下数据融合技术。

项目2 智慧环保之云计算

项目概述

本项目从环境数据监测的小角度出发，说明了云计算是什么。电影《阿凡达》中渗透了许多云计算以及与分布式计算相关的理念和问题。可以毫不夸张地说，现实生活中云计算的理念无处不在。

最后梳理了物联网、互联网和大数据的关系：物联网对应了互联网的感觉和运动神经系统。云计算是互联网的核心硬件层和核心软件层的集合，也是互联网中枢神经系统的萌芽。大数据代表了互联网的信息层（数据海洋），是互联网智慧和意识产生的基础。

项目目标

1）了解云计算的基本概念；
2）知道云计算在物联网中的应用；
3）梳理云计算与物联网的关系。

任务1 探秘城市水体污染监测系统

“智慧环保”是在原有“数字环保”的基础上，借助物联网技术，把感应器和装备嵌入到各种环境监控对象（物体）中，通过超级计算机和云计算将环保领域物联网整合起来，实现人类社会与环境业务系统的整合，以更加精细和动态的方式实现环境管理和决策的“智慧”（见图4-11）。

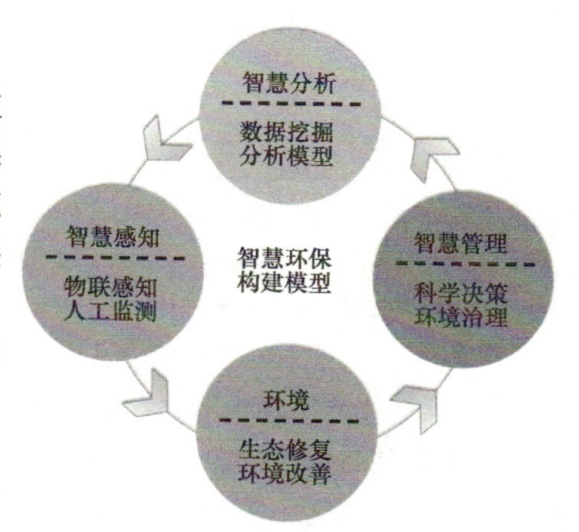

图4-11 智慧环保构建模型

本任务从智慧环保入手，介绍云计算在物联网中的应用。

那么，何为“云计算”？

云计算（Cloud Computing）是一种基于互联网的商业计算模式，将计算任务分布在大量计算机构成的资源池上，使各种应用系统能够根据需要获取计算力、存储空间和各种软件服务。

任务实施

步骤一

水是生命之源。然而，水污染问题越来越严重，已成为影响人民群众生活质量和幸福感的一个重要因素，不断发生的水污染事件，在一定范围内引起供水忧虑，引起民众恐慌，甚至影响社会稳定。

因此，必须有先进的水质在线监测体系才能满足人民群众对水质的关切和需求。水质在线监测系统能做到24h不间断、连续监测和远程监控，达到及时掌握饮用水源水体水质状况，预警预报重大水质污染事故，以便使水厂在发生重大水污染时掌控水源水质状况，做到防范、解决突发水污染事故的目的。同时还可以在发生水源水质污染时及时通报政府有关部门，启动相应应急预案，确保城市供水安全（见图4-12）。

图4-12 城市供水水质监测预警系统界面

水质在线监测系统是一套以水质传感器为核心，综合运用传感器技术、信息技术、物联网技术组成的一个综合性的在线监测系统。

探究：水质在线监测与传统的人工监测相比，有哪些利好影响？请在表4-2中填写。

表4-2 填写

序 号	影 响
1	
2	
3	

步骤二：阅读：智能环保借力物联网南粤污染治理有新方法

“不仅本地的治理企业，连省外的公司在网上看到我们的需求后，都连夜乘机赶来。”随着有毒易燃的煤焦油通过污水管网流至附近一处水位较低的景观水塘，没有造成大范围污染，南海某镇街干部松了一口气。2015年年初，当地一家企业发生陶瓷煤焦油偷排事件，地方政府第一时间就登录“环境服务超市”网站求助。一呼百应，众多环境服务公司

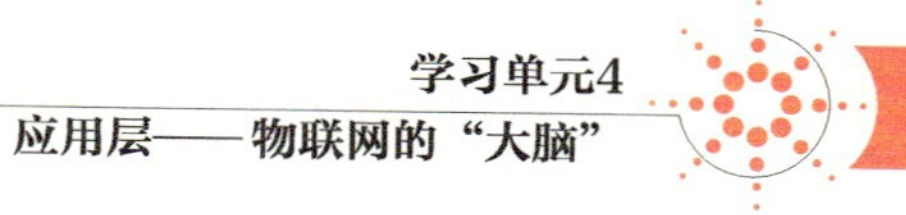

获悉后纷纷出谋划策。

这仅是方兴未艾的“互联网+”与广东省环保服务业碰撞出的新火花。2015年7月4日，国务院发布《关于积极推进“互联网+”行动的指导意见》（见图4-13）将“互联网+”绿色生态纳入11个行动计划之一。无论是生态环境监测、环保服务还是信息公开，在“互联网+”和“大数据”蓬勃发展的驱动下，以往专业又生涩的绿色生态领域正呈现出新气象，促进政府效率提升与产业转型升级。记者近日走访了不少机构与企业，发现这样的变化正在南粤悄然发生。

图4-13 “互联网+”示意图

1. 生态监控——既当“千里眼”又是“智囊团”

位于惠州的东江流域管理局监控中心内，工作人员正时刻关注着屏幕上的图文变化（见图4-14）。

数十千米外，东江支流西枝江畔的监控站点24h自动运作，站点下的探头深入水底发出红外线，从红外线反射的时间就可以自动分析江河的水文状况，并通过专线宽带实时传输到监控中心。

图4-14 河流水质监测点

密集的站点与监控中心组成的广东省东江水资源水量水质监控系统，是我国首个水资源水量水质双监控系统，并纳入《粤港合作框架协议》和《珠三角地区改革发展规划纲要》重点项目。该项目自2014年5月通过初步验收后一直稳定运行。

“这个系统首先是一个‘千里眼’，既有监测数据，又有实况视频。”东江流域管理局局长李海燕介绍，涵盖干流和主要支流的55个监控对象实时情况一目了然，包括三大水库的水情和运行视频、重要控制断面、重要取水口、排污口的信息。“10个主要入河排污口均通过在线视频实时监控，万一水质或水量发生异常，系统会即时报警，我们就可马上采取应急水量调度、开闭水闸等措施，确保东江水质安全。”

更为巧妙的是，该系统还是一个智能化的参谋。“其结合近年流域水量调度经验，并分析海量的水文、预报信息，智能地编制水量调度方案供我们参考，还可以随时根据实施情况进行分析校正。”东江流域管理局副总工程师石教智称。此外，该系统还是一条数据传输互联的“高速公路”。“全省数百个水文站点、水利工程视频图像等海量数据通过监控中心的网络数据机房，与流域内水文局、全省乃至全国的水利信息网互联互通”。

这种既当“千里眼”又是“智囊团”的大数据应用，不仅在水资源监测方面，在空气质量和灰霾的分析预报上也大显身手。省气象部门目前在全省所有市县开展能见度、灰霾的自动观测。珠三角有13个气象站开展大气成分观测，包括广州塔数百米高空这样的特殊位置也设立了观测点。这些数据通过网络源源不断地传输到广东省区域数值预报重点实验室的超级计算机，以每秒达400万亿次运算能力，结合污染源、气象数值预报与化学模式进行计算，对珠三角3km分辨率、未来72h的空气质量做出预报。

正如环保部部长陈吉宁近日在“环评和监测工作”创新大讨论上讲到的，大数据、“互联网+”等智能技术已成为推进环境治理体系和治理能力现代化的重要手段。

2. 绿色产业——“O2O”让企业供需更好“相亲”

除此之外，互联网和大数据的应用也推动了环保、节能等绿色产业，如环保企业“O2O”的服务方式开始发展起来。“以前遇到污染应急事件，镇街一般都是找自己掌握的企业资源来处理，现在有了‘网上超市’，选择更多了，环保企业也能及时看到市场需求主动对接。”佛山市南海区环保局副局长张志军感叹。

2015年1月14日，全国首个由政府部门打造的网络“环境超市”在佛山南海开通。当地以此解决环境服务供需对接问题，并逐渐建立起“互联网环保产业”环境治理服务体系。

“进入环境服务超市网站首页，点开《解决方案》栏目，能看到废水治理、废气处理等六大类别的解决方案，每一类别都有十几到几十种方案供企业挑选。”佛山市南海区环保局环保产业科科长陆锹晓一边移动鼠标，一边向笔者介绍。

超市还为企业和公众提供环境解决方案“定制服务”——通过“快速服务通道”，需求方选择要解决环保问题类型，输入情况说明、联系方式后，信息便会自动提交到后台，由网站管理者进行分析并提供有针对性的方案供需求方选择。企业也可随时从网站《需求发布》栏目上看到滚动发布的需求，并及时响应。

超市正式上线后，通过网站、电话进行业务咨询的客户络绎不绝。超市开张首季度，已入驻具有资质的环保企业62家，汇集各类环境服务解决方案150个。“环境超市就像相亲节目一样，提供了线上供需对接的平台，业务能否成交还要供需双方线下具体洽谈，但网上超市无疑激活了当地的环保企业‘走出去’。”张志军说。

O2O模式还走进了低碳领域，在省发改委的支持下，我省碳普惠平台——“碳普惠网”已显雏形。未来市民在该网的个人资料中绑定羊城通卡号，系统会根据刷卡信息获得乘坐公交车、公共自行车等绿色出行的里程，并核算成相应碳币；输入地址信息，可以比对一年来用电、用水、用气的节省量，并核算成碳币，最后按照碳币量兑换普惠奖励。

思考题

1）若干节点上的传感器采集到的数据，都存储到了哪里？可以通过何种方式获取这些数据？

2）上题的数据存储与云计算有无关系？

知识链接

水质远程监测系统是一套以在线自动分析仪器为核心，运用现代传感技术、自动测量技术、自动控制技术、数据采集技术组成的一个综合性的在线自动监测体系。监控中心结合相应的应用软件可远程对各水质监测站的系统运行进行监控，实现系统运行无人值守、有人管理的模式。水质远程监测系统主要由取水、清洗、水质分析、控制、数据采集单元等部分组成。

水质远程监测系统拓扑图，如图4-15所示。

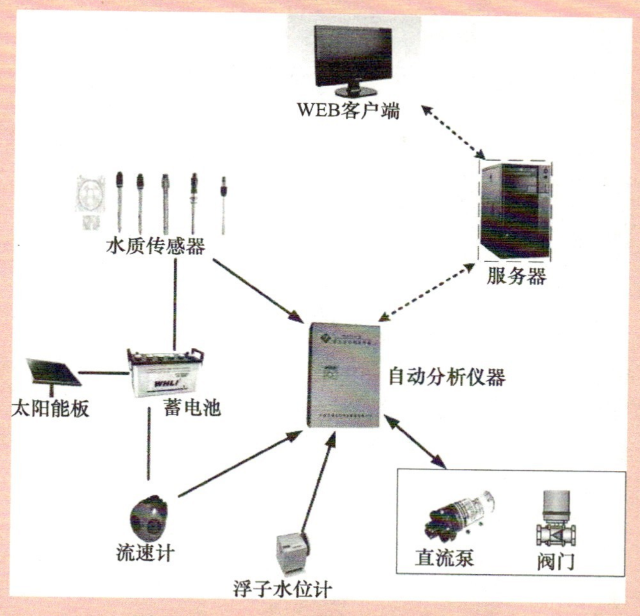

图4-15　水质远程监测系统拓扑图

水质远程监测系统将测站状态信息发送到流域水资源监控中心，发送间隔时间可以本地设置也可以远程设置。

现场显示测量参数和设备运行状态。

设备故障、异常，监测数据超限自动报警功能。

系统具有现地、远程软件下载，参数配置功能。

管理监控界面，如图4-16所示。

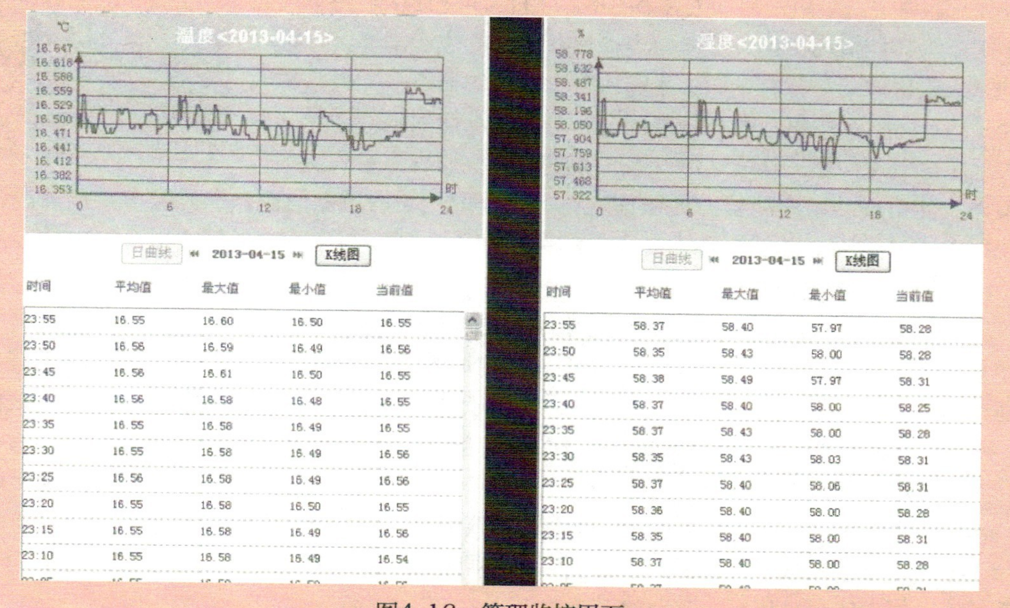

图4-16　管理监控界面

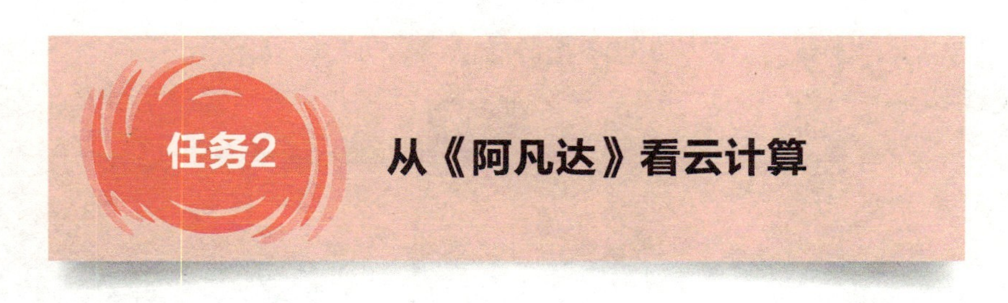

任务2 从《阿凡达》看云计算

《阿凡达》是2009年上映的一部美国科幻史诗式电影，由詹姆斯·卡梅隆撰写剧本并执导，主要演员有萨姆·沃辛顿、佐伊·索尔达娜、西格妮·韦弗、米歇尔·罗德里格兹和斯蒂芬·朗。电影设定于2154年，当时人类正在南门二恒星系生态茂盛的潘多拉星球上开采珍稀矿产难得素。采矿殖民地的扩张威胁到了当地部落纳威人的生存：纳威人是土生土长于潘多拉星球上的有感知智慧能力的类人种族。电影的标题《阿凡达》，是指经过基因改造而能为部分人类所控制的纳威人身体，人类使用他们来同潘多拉星球上的原住民展开交流。导演詹姆斯·卡梅隆表示片中“哈里路亚山”的原型来自中国的黄山。

任务实施

步骤一：案例分析

《阿凡达》（见图4-17）中有很多同云计算技术相关或相通之处：

1）片中曾说，整个潘多拉星球中每棵树之间都像是大脑中的神经元，彼此之间相互联系，从而形成一个很大的网络。而每一个纳威人都可以通过自己的神经末梢上传或下载相关的数据与信息。而云计算技术正是将很多服务器与存储资源通过网络相互联系在一起，向用户提供相应的计算能力与存储能力。从这一点来看，潘多拉星球整个就是一个巨大的“云”。

图4-17　阿凡达电影海报

2）影片中整个星球有一万多棵神树，每棵神树又和十的十几二十次方个其他植物相连。这一万多棵树互相之间也步满连接。根据推算，该星球上一共有十的二十四次方个这样的节点，比人脑的神经元还要多。其中每一颗神树都保存了大量本部落的相关信息。这实际上可以看作是云环境中的一个个数据中心，通过分布式的存储策略，使得终端用户能够方便快捷地在各处获取相关的数据信息。因此潘多拉星球的各个“数据中心”之间，必然存在十分高效的数据同步、副本创建与更新策略以及相应的容错机制，以保证在某个数据中心“失效”（大树被推倒）时能够保证数据的完整及正确。

3）影片中每一个纳威人都可以通过辫子上的神经末梢同各种野兽以及大树之间进行交互，这种交互形式简洁、高效且接口统一，十分便于用户的访问。在云计算平台上，端到云的接入正体现这些特点。正因为有这样一些特点，才使得云计算的用户可以很方便地屏蔽底层的编程接口，提高效率。同时统一的接口也增强了可用性。这是云计算优于网格计算的重要特点。

4）影片最后描写人类发动袭击时，潘多拉星球各种野兽都帮忙进行对抗。这反映出Ewya不仅是一个神，而且是一个拥有强大计算能力与人工智能的超级云计算环境，这不是人类和一个原始种族的战争，而是一小撮傻大兵和拥有强大的计算能力、海量信息存储能力以及高效的协同能力的云计算平台之间的对抗。

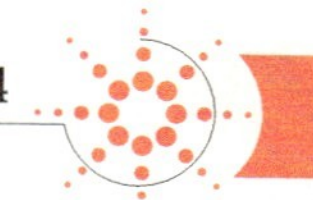

5）影片中那个将地球人和阿凡达进行意识同步的仪器，可以看作是地球人接入到潘多拉这个云平台的接入方案之一，可以称为是一种端到云的解决方案，而且该方案采用了很成熟的无线技术，保证了数据链路不受物理距离和地形的影响。

总的来看，《阿凡达》中包含了许多云计算以及分布式计算相关的理念与问题。可以毫不夸张地说，现实生活中云计算的理念无处不在。正是由于其应用的普遍性，使得云计算成为工业界与学术界十分关注的新计算模式（见图4-18）。

图4-18　阿凡达剧照

步骤二：了解云计算的特点

被普遍接受的云计算特点如下：

（1）超大规模

“云”具有相当的规模，企业私有云一般拥有数百上千台服务器。“云”能赋予用户前所未有的计算能力。

（2）虚拟化

云计算支持用户在任意位置、使用各种终端获取应用服务。所请求的资源来自“云”，而不是固定的有形的实体。应用在“云”中某处运行，但实际上用户无须了解、也不用担心应用运行的具体位置。

（3）高可靠性

“云”使用了数据多副本容错、计算节点同构可互换等措施来保障服务的高可靠性，使用云计算比使用本地计算机更可靠。

（4）通用性

云计算不针对特定的应用，在“云”的支撑下可以构造出千变万化的应用，同一个“云”可以同时支撑不同的应用运行。

（5）高可扩展性

“云”的规模可以动态伸缩，满足应用和用户规模增长的需要。

（6）按需服务

“云”是一个庞大的资源池，你按需购买；云可以像自来水、电、煤气那样计费。

（7）极其廉价

由于“云”的特殊容错措施可以采用极其廉价的节点来构成云，“云”的自动化集中式管理使大量企业无须负担日益高昂的数据中心管理成本，“云”的通用性使资源的利用率较之传统系统大幅提升，因此用户可以充分享受“云”的低成本优势。

（8）潜在的危险性

云计算服务除了提供计算服务外，还必然提供存储服务。对于信息社会而言，“信息”是至关重要的。另一方面，云计算中的数据对于数据所有者以外的其他云计算用户是保密的，但是对于提供云计算的商业机构而言确毫无秘密可言。所有这些潜在的危险，是商业机构和政府机构选择云计算服务、特别是国外机构提供的云计算服务时，不得不考虑的一个重要的前提。

知识链接

全国首家云医院——“宁波云医院”启动运营看病也O2O

55岁的阎某患有糖尿病，近来，她的身体出现多饮、多尿、疲乏无力能症状，于是她登上“宁波云医院”系统，通过视频向在云医院端的医生讲述了自己的症状，医生在调阅阎某健康档案并结合确诊信息后，开出了电子处方并将处方提交至“云端”。于是阎程走到家旁边外配药店，用身份证领取了处方中的药物。这不是电视剧中虚构的剧情，阎程是一名宁波市民。3月11日，全国首家云医院——“宁波云医院”正式启动运营。

在我国，“看病难”一直是个老大难问题。由于优质专家资源的稀缺，病患想要挂到专家号往往需要大排长龙，且由于分层诊疗体系尚未建立，外地患者初诊时往往直接到城市大医院，却通常遇上“人满为患”与“专家号满”。

“‘宁波云医院’的建设和运营，一方面是放大医疗资源，尤其是优质医疗资源的供给，另一方面也是对现有医疗卫生服务体系和就医模式的重构，从而助推医改。”在“宁波云医院”运营启动仪式暨发布会上，时任宁波卫生和计划生育委员会王仁元主任如是说（见图4-19）。

何为“云医院”，在“互联网+”时代，宁波的“云医院”在线上是一个虚拟医院，线下则是一家混合所有制医院。通过线上、线下的联动，既能实现门诊、住院、检查、体检的预约服务，又能实现定制的健康管理和咨询（见图4-20）。

图4-19 “宁波云医院”运营启动仪式暨发布会现场

图4-20 宁波云医院

“‘宁波云医院’所提供的健康医疗产品与服务就像过去一个城市提供的水、电、煤气一样，已成为日用消费品。”东软集团董事长兼CEO刘积仁博士表示，随着云计算、大数据、移动互联网、物联网等新一代信息技术与传统行业的深度融合，看病也可O2O，“线上线下”同时运作，不断放大医疗资源。

据了解，首批接入“宁波云医院”平台的基层医疗机构共100家，签约的专科医生、家庭医生共226名。首期在“宁波云医院”线上开设高血压、糖尿病、心理咨询、全科医生等4个“云诊室”。此外，“宁波云医院”已经与宁波本地连锁药店等第三方机构实现互联，“云医生”线上处方可以方便地流转到连锁药店，居民可以根据实际情况就近取药或享受配送服务。

“让每位宁波居民都拥有一个‘掌上云医院’，让每位宁波居民都参与到自我健康管理中来。”王仁元告诉记者，这是“宁波云医院”未来要实现的目标。

思考题

“云计算”已经逐步走进人们的生活中，请举一些跟“云”技术有关的案例。

任务3 梳理云计算与物联网的关系

传统IT解决方案无法满足物联网快速发展催生出来的数据处理需求。在物联网环境下，设备不再仅限于智能手机、计算机等，它会覆盖到智能家居、交通物流、环境保护、公共安全、智能消防、工业监测、个人健康等各种领域。具体来看，传统IT解决方案无法满足物联网快速发展的这几个问题：①海量业务数据的巨大压力，预计到2025年全球设备连接数会达到一千亿；②设备如何联网，数据如何存储，如何开发App以及如何对搜集到的数据进行分析等；③物联网业务对数据处理实时性的要求较高。

物联网云平台应运而生，为传统厂商提供专业的物联网解决方案。物联网云平台是一个PaaS平台，企业可以利用该PaaS平台所提供的API将物联网设备连接网络，并低成本地在云端存储、处理、分析设备产生的数据。

任务实施

步骤一：了解《第37次中国互联网络发展状况统计报告》

中国互联网络信息中心（CNNIC）2015年发布了《第37次中国互联网络发展状况统计报告》（以下简称《报告》）。《报告》中涉及云计算和大数据方面的数据以及发展现状（见图4-21）。

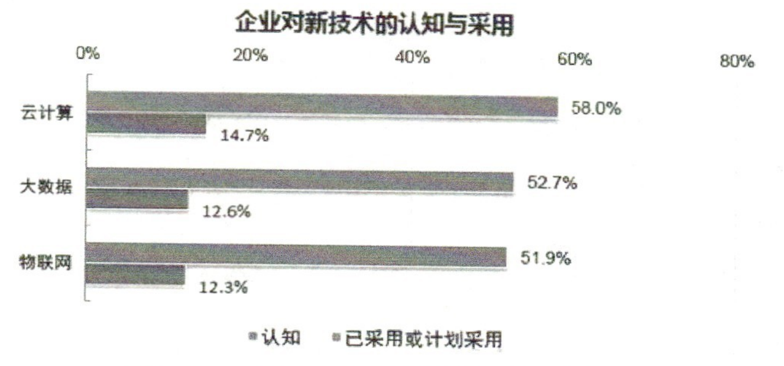

图4-21 中国企业互联网应用状况调查

在2015年，云计算、物联网、大数据技术和相关产业迅速崛起，多种新型服务蓬勃发展，不断催生新应用和新业态，推动传统产业创新融合发展。从认知角度看，超过50%的企业对这三类新技术有所知晓；从应用角度看，超过10%的企业已经采用或计划采用相关技术。

尽管企业对物联网技术的认知与采用水平较低，但其在促进商贸流通业转型升级中起到重要作用。2013年，国务院发布《关于推进物联网有序健康发展的指导意见》，经过多年发展，我国物联网技术研究水平已取得进展，射频识别技术、传感器研发等方面有所突破。

步骤二：厘清关联

大数据时代的到来，是全球知名咨询公司麦肯锡最早提出的，麦肯锡称："数据，已经渗透到当今每一个行业和业务职能领域，成为重要的生产因素。人们对于海量数据的挖掘和运用，预示着新一波生产率增长和消费者盈余浪潮的到来。"

《互联网进化论》一书中提出"互联网的未来功能和结构将与人类大脑高度相似，也将具备互联网虚拟感觉、虚拟运动、虚拟中枢、虚拟记忆神经系统"，并绘制了一幅互联网虚拟大脑结构图（图4-22）。

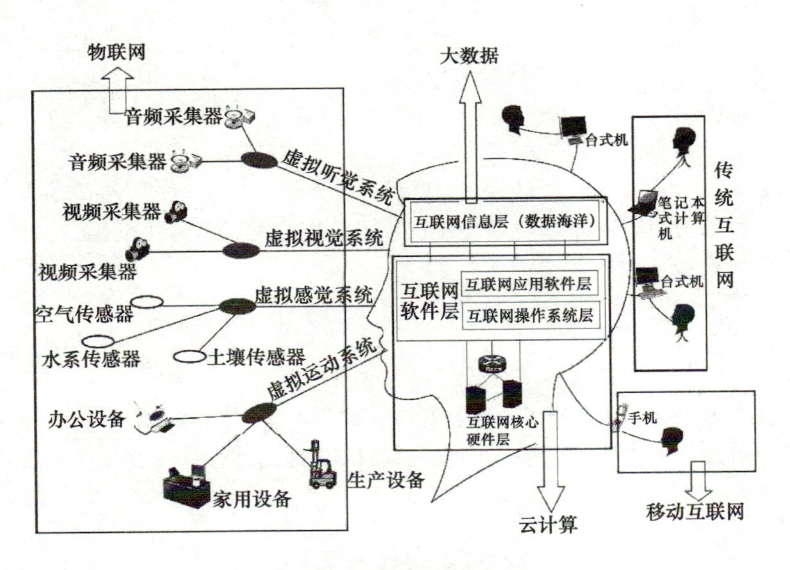

图4-22　互联网虚拟大脑结构图

根据这一观点，尝试分析目前互联网最流行的四个概念—— 大数据、云计算、物联网和移动互联网与传统互联网之间的关系。

从这幅图中可以看出：

物联网对应了互联网的感觉和运动神经系统。云计算是互联网的核心硬件层和核心软件层的集合，也是互联网中枢神经系统萌芽。大数据代表了互联网的信息层（数据海洋），是互联网智慧和意识产生的基础。

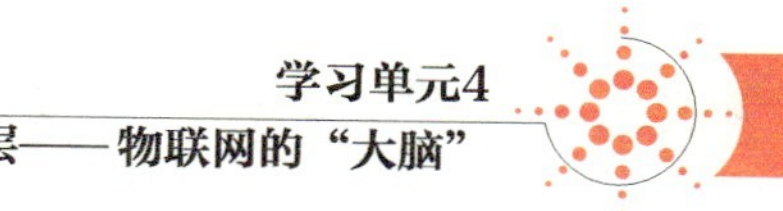

步骤三：物联网可以和云计算的三种服务模式进行结合

（1）IaaS模式在物联网中的应用

横向通用支撑平台和纵向特定的物联网应用平台，在IaaS技术虚拟化的基础上可实现物理资源的共享和业务处理能力的动态扩展。IaaS技术在对主机、存储和网络资源的集成与抽象的基础上，具有可扩展性和统计复用能力，允许用户按需使用。除网络资源外，其他资源均可通过虚拟化提供成熟的技术实现，为解决物联网应用的海量终端接入和数据处理提供有效途径。同时，IaaS对各类内部异构的物理资源环境提供统一的服务界面，为资源定制、出让和高效利用提供统一界面，也有利于实现物联网应用的软系统与硬系统之间某种程度的松耦合关系。

目前国内建设的一些和物联网相关的云计算中心、云计算平台，主要是IaaS模式在物联网领域的应用。

（2）SaaS模式在物联网中的应用

通过SaaS模式为物联网应用提供的服务可以被多个客户共享使用。SaaS应用在感知延伸层进行了拓展。依赖感知延伸层的各种信息采集设备采集大量数据，并以这些数据为基础进行关联分析和处理，向最终用户提供最终的业务功能和服务。

比如，传感网服务提供商可以在不同地域布放传感器节点，提供各个地域的气象环境基础信息。其他提供综合服务的公司可以将多个这样提供的信息聚合起来，开放给公众，为公众提供出行指南。同时，这些信息也被送到政府的监控中心，一旦有突发的气象事件，政府的公共服务机构就可以迅速展开行动。

（3）PaaS模式在物联网中的应用

Gartner把PaaS分成两类：APaaS和IPaaS。APaaS主要为应用提供运行环境和数据存储；IPaaS主要用于集成和构建复合应用。人们常说的PaaS平台大都是指APaaS，如Force.com和GoogleAppEngine。

在物联网范畴内，由于构建者本身价值取向和实现目标的不同，PaaS模式的具体应用存在不同的应用模式和应用方向。

思考题

如何看待“物联网和云计算相辅相成”这个观点?

项目总结

远程水质污染监控系统等更多的是侧重物联网应用层的描述。在物联网应用层可以观看各监测点、各时间段的监控数据，并能够比对这些数据进行实时报警或者对这些数据进行统计分析，为下一步决策提供准确的数据支撑。

物联网对应了互联网的感觉和运动神经系统。云计算是互联网的核心硬件层和核心软件层的集合，也是互联网中枢神经系统的萌芽。大数据代表了互联网的信息层（数据海洋），是互联网智慧和意识产生的基础。

项目3 初识物联网信息安全

项目概述

物联网是我国信息产业发展难得的机遇，但相对互联网，物联网是一个更加复杂多样、更大跨度的系统，要充分考虑其安全问题，可以考虑通过合理简化安全、出台相关标准、制定相应政策和策略等方法来应对。

在2016世界物联网博览会上，中国信息安全测评中心专家委员会副主任黄殿中就积极构建安全物联的产业生态提出了三点建议：①物联网的发展应用已经由“慢车道”转入“快车道”，市场规模巨大，我们应抓住机遇实现赶超；②物联网的信息安全已由“浅水湾”步入“深水港”，但当前社会物联网安全意识薄弱，安全技术滞后，安全隐患频发，我们应凝心聚力、攻坚克难；③物联网的产业生态将由“探索期”步入“落地期”，我们应稳扎稳打，落实安全意识，重视人才培养，强化技术保障。

项目目标

1）了解物联网安全的特点；

2）理解物联网各层的安全问题；

3）掌握相关物联网安全保护知识。

任务1 解读物联网系统安全的特点

物联网应用和发展很快会融入人们社会和生活的方方面面。据权威估计，到2020年全世界的智能物体（Smart things）有近500亿会连接到网络中去，物联网通过感知与控制，将物联网融入人们的生活、生产和社会中去，所以物联网的安全问题不容忽视。如果忽视物联网的安全问题，人们的隐私会由于物联网的安全性薄弱而暴露无遗，从而严重影响人们的正常生活。因此在发展物联网的同时，必须对物联网的安全隐私问题更加重视，保证物联网的健康发展。

本任务将从物联网安全的特点和管理层次来介绍物联网的信息安全。

任务实施

与互联网不同，物联网的特点在于无处不在的数据感知，以无线为主的信息传输，智能化

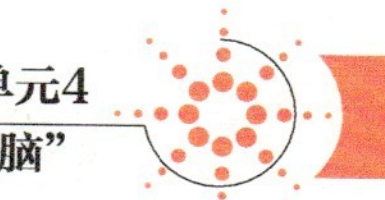

的信息处理。从物联网的整个信息处理过程来看，感知信息经过采集、汇聚、融合、传输、决策与控制等过程，体现了与传统的网络安全不同的特点。

物联网的安全特征体现了感知信息的多样性、网络环境的异构性和应用需求的复杂性，呈现出网络的规模和数据的处理量大，决策控制复杂等特点，对物联网安全提出了新的挑战。物联网除了面对传统TCP/IP网络、无线网络和移动通信网络等传统网络安全问题之外，还存在着大量自身的特殊安全问题。

具体地讲，物联网的安全主要有如下特点：

（1）物联网的设备、节点等无人看管，容易受到操纵和破坏

物联网的许多应用代替人完成一些复杂、危险和机械的工作，物联网中设备、节点的工作环境大都无人监控。因此攻击者很容易接触到这些设备，从而对设备或其嵌入其中的传感器节点进行破坏。攻击者甚至可以通过更换设备的软硬件，对它们进行非法操控。例如，在远程输电过程中，电力企业可以使用物联网来远程操控一些变电设备。由于缺乏看管，攻击者可轻易地使用非法装置来干扰这些设备上的传感器。如果变电设备的某些重要参数被篡改，其后果将会极其严重。

（2）信息传输主要靠无线通信方式，信号容易被窃取和干扰

物联网在信息传输中多使用无线传输方式，暴露在外的无线信号很容易成为攻击者窃取和干扰的对象，对物联网的信息安全产生严重的影响。例如，攻击者可以通过窃取感知节点发射的信号，来获取所需要的信息，甚至是用户的机密信息，并可据此来伪造身份认证，其后果不堪设想。同时，攻击者也可以在物联网无线信号覆盖的区域内，通过发射无线电信号来进行干扰，从而使无线通信网络不能正常工作，甚至瘫痪。例如，在物流运输过程中，嵌入在物品中的标签或读写设备的信号受到恶意干扰，很容易造成一些物品的丢失。

（3）出于低成本的考虑，传感器节点通常是资源受限的

物联网的许多应用通过部署大量的廉价传感器覆盖特定区域。廉价的传感器一般体积较小，使用能量有限的电池供电，其能量、处理能力、存储空间、传输距离、无线电频率和带宽都受到限制，因此传感器节点无法使用较复杂的安全协议，因而这些传感器节点或设备也就无法拥有较强的安全保护能力。攻击者针对传感器节点这一弱点，可以通过采用连续通信的方式使节点的资源耗尽。

（4）物联网中物品的信息能够被自动地获取和传送

物联网通过对物品的感知实现物物相连，如通过RFID、传感器、二维识别码和GPS定位等技术能够随时随地且自动获取物品的信息，同样这种信息也能被攻击者获取，在物品的使用者没有察觉的情况下，物品的使用者将会不受控制地被扫描、定位及追踪，对个人的隐私构成了极大威胁。

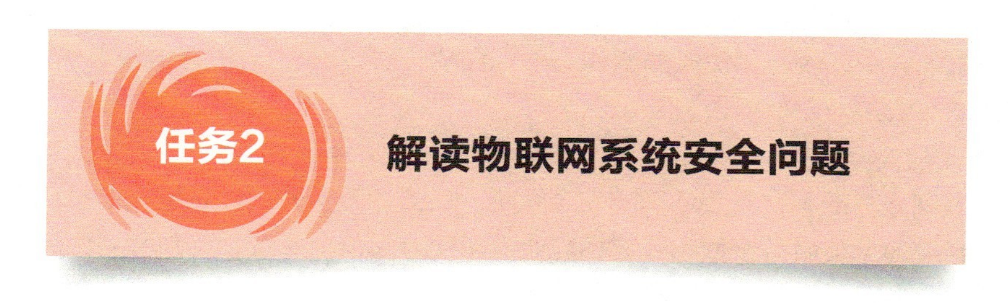

物联网产业蒸蒸日上，然而在繁荣景象背后，物联网的安全危机正日渐显现。因为网络本

身是存在安全隐患的，更何况分布随机的传感信息网络、无处不在的无线网络，更是为各种网络攻击提供了广阔的土壤。物联网面临的安全隐患比互联网更加严峻，而且物联网越是普及，不安全的后果越严重。如果处理不好，整个国家的经济和安全都将面临威胁。那么，我们该如何应对物联网安全问题？我国是否有企业愿意来解决这些安全问题呢？

任务实施

物联网安全问题及对策。

物联网安全分三个层面。从物联网的信息处理过程来看，感知信息经过采集、汇聚、融合、传输、决策与控制等过程，整个信息处理的过程体现了物联网安全的特征与要求和传统网络安全关注的重点存在着巨大的差异。物联网安全技术架构如图4-23所示。

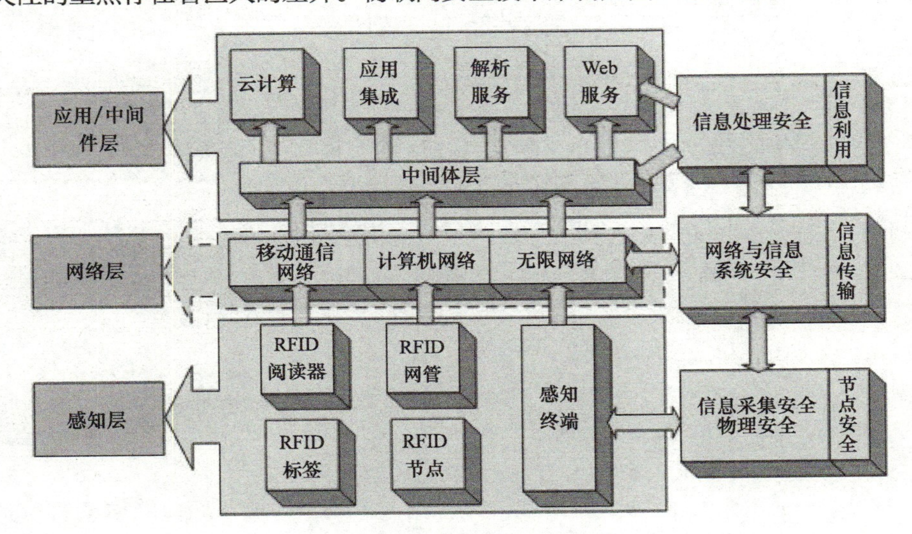

图4-23　物联网安全技术架构

（1）感知层安全问题

感知节点呈现多源异构性，感知节点通常情况下功能简单（如自动温度计）、携带能量少（使用电池），使得它们无法拥有复杂的安全保护能力，而感知网络多种多样，从温度测量到水文监控，从道路导航到自动控制，它们的数据传输和消息也没有特定的标准，所以没法提供统一的安全保护体系。

（2）传输层安全问题

核心网络具有相对完整的安全保护能力，但是物联网中节点数量庞大，且以集群方式存在，因此会导致在数据传播时，由于大量数据发送使网络拥塞，易产生拒绝服务攻击。此外，现有通信网络的安全架构都是以人通信的角度设计的，对以物为主体的物联网，要建立适合于感知信息传输与应用的安全架构。

（3）应用层安全问题

支撑物联网业务的平台有着不同的安全策略，如云计算、分布式系统、海量信息处理等，这些支撑平台要为上层服务管理和大规模行业应用建立起一个高效、可靠和可信的系统，而大规模、多平台、多业务类型使物联网业务层次的安全面临新的挑战，是针对不同的行业应用建立相应的安全策略，还是建立一个相对独立的安全架构。

因此，物联网的安全特征体现了感知信息的多样性、网络环境的多样性和应用需求的多样性，呈现出网络的规模和数据的处理量大，决策控制复杂等特点，给安全研究提出了新的挑战。

（1）采取适当措施防范

根据物联网在信息安全方面的特点及面临的威胁，采取适当的技术防范措施是必然的。解决物联网的信息安全问题不仅需要技术手段，还需要完善物联网信息安全方面的法律法规及其安全管理机制。

物联网的安全管理涉及规划、管理、协调等，还涉及标准和安全保护等方面的问题。这需要一系列相应的配套政策和规范的制定和完善。组织和管理体系是构建物联网信息安全保障体系的重要载体，由政府和行业主管部门为主体，以具备公立性、专业性、权威性的第三方测试机构为参与单位。组织和管理体系的主要职责是在物联网示范工程的规划、验证、监理、验收、运维全生命周期推行安全风险与系统可靠性评估。

（2）以技术手段保障物联网安全

在感知层，加强对感知设备的物理安全防护与节点自身的安全防护能力。在物联网内部，需要建立有效的密钥管理机制，保证物联网内部通信的安全。通信的机密性和认证性是最重要的，机密性需要在通话时临时建立一个会话密钥，认证性可以通过对称密码或者非对称密码方式解决。

在网络层，涉及异构网络、互联网、移动网络等通信网络。网络中的安全机制有节点认证、数据机密性、完整性、数据流机密性、DOS攻击的检测与预防；移动网中AKA机制的一致性或兼容性、跨域认证和跨网络认证；相应密码技术：密钥管理、密钥基础设施和密钥协商、端对端加密和节点对节点加密、密码算法和协议等；组播和广播通信的认证性、机密性和完整性安全机制。

对于应用层的隐私保护等安全需求，需要建立如下安全机制：数据库访问控制和内容筛选机制；不同场景的隐私保护机制；信息泄露追踪技术；安全的数据销毁技术等。

思考题

如何在设计开发物联网系统时，如何去防范其系统安全?

项目总结

安全是信息技术主要研究的问题，物联网系统也不例外。针对物联网系统的三层体系结构均可能出现安全漏洞，针对此，作出相应对策。

参考文献

[1] 刘持标．物联网工程与实践[M]．北京：高等教育出版社，2015．

[2] 闫连山．物联网（通信）导论[M]．北京：高等教育出版社，2012．

[3] 中国工程院．医疗物联网与健康云服务[M]．北京：高等教育出版社，2013．

[4] 郎为民．大话物联网[M].北京：人民邮电出版社，2011．

[5] 刘化君，刘传清．物联网技术[M].北京：电子工业出版社，2010．

[6] 陈天娥．物联网设备编程与实施[M]．北京：高等教育出版社，2014．

[7] 毛丰江．智能卡与RFID技术[M]．北京：高等教育出版社，2012．

[8] 董丽华．RFID技术与应用[M]．北京：电子工业出版社，2008．

[9] 秦伟华，王戈静．传感器技术[M]．北京：高等教育出版社，2015．

[10] 黄汉军，俞婕．传感器应用技术[M]．北京：高等教育出版社，2015．

[11] 王协瑞，潘军．网络技术学习指导[M]．北京：高等教育出版社，2012．

[12] 刘江，宋晖．计算机系统与网络技术[M]．2版．北京：高等教育出版社，2012．